生活的理想，
就是为了理想的生活

你不努力 没人给你 想要的生活

梁庆伟 编著

中国出版集团
中译出版社

图书在版编目（CIP）数据

你不努力没人给你想要的生活 / 梁庆伟编著 . —北京：中译出版社，2020. 1

ISBN 978 - 7 - 5001 - 6161 - 5

Ⅰ. ①你… Ⅱ. ①梁… Ⅲ. ①成功心理 - 通俗读物 Ⅳ. ①B848. 4 - 49

中国版本图书馆 CIP 数据核字（2019）第 299519 号

你不努力没人给你想要的生活

出版发行 / 中译出版社
地　　址 / 北京市西城区车公庄大街甲 4 号物华大厦 6 层
电　　话 /（010）68359376　68359303　68359101　68357937
邮　　编 / 100044
传　　真 /（010）68358718
电子邮箱 / book@ ctph. com. cn

策划编辑 / 马　强　田　灿
责任编辑 / 范　伟　吕百灵
封面设计 / 泽天文化
印　　刷 / 山东汇文印务有限公司
经　　销 / 新华书店

规　　格 / 880 毫米 ×1230 毫米　1/32
印　　张 / 6
字　　数 / 135 千字
版　　次 / 2020 年 3 月第 1 版
印　　次 / 2020 年 3 月第 1 次

ISBN 978 - 7 - 5001 - 6161 - 5　　定价：32. 00 元

中　译　出　版　社

前 言

生活会给予我们想要的一切，但许多人憧憬的那些美好，不是说一说或是做一做就可以实现的，它需要我们比别人多付出百倍的努力，经受百般的磨炼和考验。如果没有跨急流攀险峰的胆魄，没有全力以赴抵达理想彼岸的决心，遇到荆棘和坎坷就轻易退却，遇到泥泞就选择放弃，那么无论我们再好的憧憬，都只是幻想。想要美好的生活，你需要智慧，更需要勇气、努力和拼搏，才会让你追求的梦想，变为美好的现实。

爱拼才会赢，拼搏，才能成就人生。你的未来不会在某个地方傻傻地等你，成功不会从天而降，它需要我们每天不断地努力、拼搏、积累。你要用双手拼出属于你自己的世界，拼出属于你自己的辉煌。路都是自己走出来的，只有不畏险途，勇敢向前，在跨越一道道障碍后，你会发现，生命越来越精彩，曾经的困难与挫折都化作了通向成功的彩虹桥。

努力，是为了不辜负那些曾经五光十色的梦想；拼搏，是为了以更快的速度接近我们心中的目标；奔跑，是为了提醒自己前方的路途还很漫长。跌倒了爬起来就好，受伤了休息后再出发。

现在流的汗水，是为了证明我们没有空耗生命；现在拼命努力，是为了多年以后，收获美好的未来。

生活从来不会辜负每一个人的努力。从来到这个世界上开始，我们就在与命运做斗争，慢慢地你会发现，当你越努力时，你就会变得越幸运。所谓的挫折、失败、苦难并不可怕，可怕的是不敢面对。所有命运给予你的伤痛，终将会成为你人生的垫脚石，每一座历尽艰险爬上的山峰都是到达更高山峰的起点。

那么，在今天，你就要努力到感动自己，拼搏到身无余力。沿着人生的道路一直努力奔跑，总有一天，你会变成自己喜欢的样子，会拥有想要的美好生活。

目　录

第六章　有信念的人，再难的日子都会度过

第七章　心可以高飞，脚要植根于勤奋的土地

第一章
经历过挫折，生命便是那雨后的绚丽彩虹

你要明白，没有人注定不幸。你的困难、挫折、失败，其他人同样可能遇到，而其他人遇到的更大的困难、挫折、失败，你却没有遇到，你绝对不比其他人更不幸。不要因为没有鞋子而哭泣，看看那些没有脚的人吧！绝对不要把自己想象成最不幸的，否则，你就成了最不幸的人。要知道，没有什么困难能够打垮你，唯一能够打垮你的就是你自己。成长其实就是不断战胜挫折的一个过程。经历过挫折的生命，便是那风雨过后的绚丽无比的彩虹。

走出谷底才能见到光明

山丘有高低，道路有起伏，大海有潮汐，人生一定也会有起伏，生活是由快乐和悲伤组成的一帧帧不规则图片连接的长电影。古人云：“天将降大任于斯人也，必先苦其心志，劳其筋骨，饿其体肤，空乏其身，行拂乱其所为，所以动心忍性，曾益其所不能。”我们的一生与苦难相伴，这是不争的事实。

我们的一生分为婴儿、少年、青年、中年、老年等几个阶段，每个阶段都是一场独立的旅行。而这些阶段又以不同的方式划分成无数个小阶段，我们每个人都要按顺序走过这些不可快进的人生。

在这个过程里，不乏迷茫、叛逆甚至堕落的时候，也许会走错路，也许会跟错人，也许会在一片荒芜和凄凉里迷了路，晕头转向地找不到出口。

事实就是这样，我们都会有低谷期，或短暂或漫长。但谁都无法逃避人生中的低谷期，我们人生里的那些不可名状的谷底的时期，就如同跳帧的电影中的灰色影像。

我们该承认，每个人都有趋利避害的心理，没有人愿意步入“叫天天不应，叫地地不灵”的境地。但是，生活啊，就是个喜欢自己添油加醋的编剧，从来不会让我们一气呵成、轻轻松松地演完剧本，它一定会在你不经意的时候修改剧本，然后看我们即兴表演。什么样的场景才能激发我们的才能呢？那就是频繁地加上最难演的戏码，让上一秒还在莞尔一笑、风花雪月的我们，一瞬间跌入命运的转轮，被流放到不知名的荒岛，完成一部真人版荒岛求生。

“你在害怕什么？”当生活把我们推入深渊的时候，我们是否这样问过自己。是的，我们不是拥有超能力的超级英雄，我们害怕自己步步为营的生活一夜之间变了模样，我们当中的很多人，经不起任何打击，哪怕是命运不小心打了个喷嚏带来的变动。

但是，“你究竟在害怕什么？”其实答案早已经在心里，只是我们张开嘴，话到嘴边，又硬生生地吞了回去——我们缺乏直面困难和走出低谷的勇气。就像游戏打到了最后一关，总会需要大BOSS（老板）和我们浴血奋战，此时我们的联盟一定伤亡惨重，只剩下自己和另外一个将会在某一个场景死去的配角，丢盔弃甲之后开始了亡命天涯的曲线救国计划。

此时，一定会遭遇前所未有的苦难，让我们一度陷入绝望，燃起的勇气和斗志会很快被现实的冷风吹灭，就是在这样的环境里，我们掉进了无底的深渊。这就是人生里最常见的桥段，记住，此时无论四周如何草木皆兵，无论四周多么黑暗，我们都不能放弃！

一个名为S的写手在网上分享了自己毕业之后求职的故事，感染了很多人。S毕业于一所名牌的大学，毕业之前，品学兼优的S从未担心过找工作。甚至在大家都在积极找工作的时候，S却在悠闲地策划着自己的毕业旅行。当毕业临近，很多人都找到了工作单位的时候，S才开始投简历和面试，那时几乎所有的校园招聘都已经结束。幸运的是，S赶上了一家500强企业的校招。但是，当时，S没有意识到这几乎是自己的最后一根救命稻草。

没有任何面试经验也没有做好充足准备的S，在面试中慌了神。据她之后回忆，当时自己似乎已经不能控制自己的语言，紧张到说错话。毕业聚会上，大家都在讨论着自己的公司和薪资，原本活泼的S坐在一旁，心里明明失落却仍要强颜欢笑。

这一次的打击让原本踌躇满志的S一下子消沉起来，她甚至决定离开这座自己当初拼命要通过高考而来到的城市。回到家乡之后，S的情况并没有好转，家乡的工作机会非常少，更别提专业对口和500强了。连进入稍微有些名气的企业做文员都需要找关系。S曾坐了两个小时的公交去一家企业，面试文员的岗位，最后还是没有被这家企业录用。这让原本信心受挫的S更加怀疑自己。她当时不止一次地责备自己、埋怨自己，怀疑只有自己一度觉得自己优秀。

每天入睡的时候，S都默默地祈祷，希望醒来之后能发现这一切只是梦。然而，每当清晨来临，S睁开眼睛，第一个蹦入脑海的想法就是——“我该怎么办?”在那段日子里，时光似乎被无尽地拉长，好像要把S逼迫到无路可走的境地。

已经退休的母亲，为了不给S增加压力，在炎热的夏天，找了个临时的工作，留给S足够的思考和调整的空间。所有的朋友都有了工作，曾经是朋友圈里的中心人物的S，害怕参加朋友聚会，哪怕几个闺密一起聊聊天。那段日子里，S排斥听到所有关于工作的事情，哪怕是别人告诉她，报纸上登出哪里有招聘会。S甚至报名参加了自己曾经十分不屑的公务员考试，结果也是名落孙山。

这个故事的结局是，S最终决定回到自己怀念的那座城市里，重新开始。把自己放在最平凡最普通的位置上，忘记曾经辉煌的自己，只铭记那个在快要坠落的时候拼命抓紧自己的自己。她开始运动、看书，每天练习英文口语。清晨醒来的第一件事，是先投简历，然后不断地参加面试，总结失败的经验。如今的S已经成为一家外资企业的优秀员工，一年之内月薪已经翻了一倍。

我们每个人都有类似的经历，甚至更加糟糕。在看似风景如画的景色里，一不留神就跌入了谷底。有时，我们甚至不知道为什么命运偏偏选中了自己。但是生活就是如此，生命就是如此。我们都有绝望得快要窒息的时候，都有被逼得不知所措只能折磨自己的时候。但是，无论如何，我们都要抱着死磕到底的信念，无论命运的鞭子如何鞭笞我们，也要咬紧牙关坚持下去。即使看不清前路，也要尝试着往前走，毕竟只有往前走，才会有希望，只有不放弃，才有机会见到曙光。

困难会让自己变得更加坚强

我们必须明白事在人为的道理，很多时候，并不是事情本身有多棘手，而是在我们的潜意识里，已经给它贴上了“无能为力”的标签，于是轻易缴械投降。

学好英文太难了，在兴冲冲地买了几本书之后，几乎没翻过几页；学游泳太难了，在兴致勃勃地买了一套装备之后，从没去过泳池；学跳舞太难了，学钢琴太难了……这个世界太难了……细数我们已经走过的人生、下过的决心，恐怕要数到时间的尽头。

为什么有些人会抱怨自己的人生有那么多的坎坷，而别人却似乎一路顺风顺水？是因为命运的不公吗？事实上，人生路上真正的坎儿，都来自我们内心的恐惧。一帆风顺的时候，我们害怕未知路途中可能遇到的困难；处于逆境的时候，我们害怕无法毫发无损地渡过低谷期；当雨过天晴的时候，我们又会患得患失，禁不住想做“好了伤疤忘了疼”的事情，又害怕重蹈覆辙。生命就在这样可笑又可气的过程里往复循环，然后，我们就到了开始感慨时间太少、老得太快的年纪。

我们害怕的不是困难本身，我们恐惧的源头是我们对自身懦弱的默认。或许我们不会承认这样的事实，但是我们却一再地印证。

生活中，我们总是能够看到这样的案例：两个背景及能力都相似的人，从同一个起跑线出发，但最终的结局却有着天壤之别。其中一个人是“行动派”，而另一个人是“幻想派”。“行动派”总是雷厉风行，决定要做的事情，无论遇到什么艰难险阻，总是会坚持完成自己的目标。即使遇到让人无比沮丧或失望的情况，也能够及时地排解情绪，不断地尝试去解决问题。而“幻想派”终日生活在自己的“思维殿堂”里，想法很多，行动很少，想要做一件事的时候，思前想后却迟迟不付诸行动，先把可能遇到的困难设想一遍，然后把自己吓破了胆，放弃了计划，却又不敢承认，原因就是怕自己无法走到最后。每一件事都要经历如上过程的思考，最终，“幻想派”在自己的胆小鬼的思维方式里“溺水而亡”。

我们中的大多数都是幻想派，最擅长找各种借口来搪塞生活，打死不愿承认自己很懦弱。我们怕自己会放弃，不是一种理性的思考方式，而是一种懦弱的表现。如果我们足够努力，相信自己的能力，是不会被困难打败的。人生的路，无论哪一条都不会一帆风顺，总会有苦难登门拜访，而我们也知道这个既定的事实。因此，我们害怕失去，害怕失败，害怕心有余而力不足等，都是自己给自己找的冠冕堂皇的借口，实际我们只是败给了自己的懦弱。

英国有个女孩在不带任何现金的情况下，在5个月内骑行了4349公里。整个行程从厄瓜多尔出发，途经玻利维亚、秘鲁，穿越亚马孙丛林，翻越安第斯山脉。她的故事在当时引起了很多人的热议。在骑行的过程中，女孩遇到过很多困难，自己搭帐篷，自己补胎，烈日暴晒，遇到不太热情的当地居民而得不到食物补给，遭到性骚扰等。整个冒险计划，在很多男性看来都是不可思议的事情。但是一个身无分文的姑娘却勇敢地完成了整个行程。我们对未知的事物、未知的困难，甚至未知的人都会有防备性的恐惧，但是我们未曾发现，恐惧本身源于我们自身的懦弱。遇到困难的时候，为什么选择了放弃，而不是再咬咬牙坚持一下？因为我们害怕了，胆怯了，于是轻易放过了自己。

小时候，老师告诉我们，好记性不如烂笔头。一篇看似生涩难懂的古文，在我们对着词典一字一句地翻译之后，再抄个几遍，便能记住主要内容。“眼怕手不怕”，看似无法解决的几何题目，在我们拿起笔认真画图演算之后，被顺利地求解。曾经我们都摇头晃脑地背古文，聚精会神地求解几何题，大声地拼出英文单词并背诵，那时，我们不害怕，最多挠挠头，然后迎难而上。而越是成长，我们却越是懦弱。

困难从来没有我们想象的那么难以克服，情况也没有我们想象的那么糟糕，一切艰难险阻之所以能够打败我们，是因为我们给自己戴上了无形的枷锁。钥匙和地图都在我们手中，但我们从来没有放弃禁锢自己。复杂思维是人脑最有魅力的地方，而我们却用它来阻挡我们前行的道路。我们可以去预测未知的困难，考虑道路上所有可能出现颠簸甚至翻车的地方。但是，不能因为前方有块落石，就立即掉头。下车搬开它，道路依旧宽阔，微风依旧拂面，依然可以欢快地唱歌。不论是小困难，还是大挫折，即使跌落黑暗的谷底，也不要首先向自己的懦弱认输。

时钟走着走着，时间就过去了；四季换着换着，一年就过去了；日出日落不断交替，一辈子也许就这么走完了。无论环境如何变迁，都会有生命在大地上绽放，生命本就坚强、勇敢，为何我们要让自己败给自己的懦弱。困难是数不完的，但是我们要摒弃身体中那个懦弱的自己，无论遇到什么样的坎坷，都能够在黑暗的谷底，为自己点燃火把，勇敢地告诉自己往前走，如土壤深处的种子，一定要以翠绿的形式钻出大地，沐浴阳光。

直面困难才能战胜困难

不积跬步，何以至千里？不积小流，何以成江海？当困难摆在我们面前，我们不去挑战，不去征服它，如何能够体会什么叫豁然开朗和甘之如饴？

生活是个擅长障眼法的魔术师，当它把困难的任务分配给我们的时候，利用了我们的视觉误差，让我们以为眼前的困难难以克服，而选择放弃。然而，实际上，当我们完成了曾经以为不可能完成的事情，跨越了曾经以为无法越过的鸿沟，克服了曾经认为无法战胜的困难时，才恍然发现，当初的胆战心惊是多么可爱又可笑。但是，这种过来人的释怀，唯一的条件就是，要行动起来，努力去完成目标，克服困难，否则一切都是空想。

小叶是个非常喜欢旅游的人，在读书的时候就决定毕业之后一定要从事旅游相关的职业，做一个优秀的规划师，去看全世界的美景，把最好的路线分享给热爱旅游的人们。毕业之后，小叶毫不犹豫地申请了一个旅游业内数一数二的公司的职位，但是，没有通过最终的面试。和很多求职者抱着只是为了找到一份工作的心态不同，小叶没有转而去投其他的公司或者换其他的职业方向，她花了一个月的时间，收集这家公司和其最大竞争对手之间的数据，进行对比分析，并就分析结果阐述了自己的构思和想法，包括如何推出新的产品及如何吸引更多客户等。她带着这份报告来到该公司，在前台等了两个多小时，终于等到之前的面试官开完会，把这份报告交到了对方手上。当天晚上，她就收到了该公司发出的录取通知。

想要做成一件事，路上遇到了困难和阻碍，就应该动脑筋去解决问题，克服困难，而不是避重就轻，还没有努力就选择放弃。如果和大多数求职者一样，直接选择放弃，或者在几次碰壁之后，干脆选择换行业，那么这一生都将在这样的颠沛流离中度过。上帝不会在自身不努力的人面前关闭一扇门之后，再为其打开一扇窗。于是，这些人永远无法知道，花费心思和精力去完成一件渴望了很久的事情，是一件多么荡气回肠的事情。而这不仅是一次成功，它甚至会成为人生路上能够时刻给自己动力的能量棒，它让我们在遭遇逆境和坎坷的时候，从自己的身上看到力量，这种力量的作用远比偶像效应大得多。

人生的可能性是无限的，但是每一种人生都需要我们具备无惧困难的勇气。不劳而获是永远都不可取的生活方式。不逼自己一把，去做以为做不了的事情，怎么会知道自己多优秀；不逼自己一把，征服以为无法完成的目标，怎么会知道生活中的困难其实都很渺小。水滴石穿的道理所有人都明白，但是很多人却无法对自己下狠心，总觉得苦难太可怕，人生太艰难，在最该奋斗的时候选择了安逸和懒惰。

8 岁男孩捐骨髓救父亲的新闻感动了很多人。父亲突然罹患白血病，只有男孩和父亲配型成功，但是由于年纪小，体重偏轻，达不到手术的标准。当男孩知道自己是父亲活下来的唯一希望之后，他开始加大食量和运动量，不断地抽血化验并没有让他害怕，救父亲是他唯一的愿望。终于，两个月之后，手术顺利进行，父亲得救了。

家中的顶梁柱倒下，对整个家庭来说，都是巨大的打击，更何况是 8 岁的孩子。但是，男孩面对生命里巨大变故所表现的勇敢和乐观，太令人惊叹。虽然，生活中的很多困难并没有达到生死的程度，但这并不代表我们可以随意向困难妥协。如果连小问题都无法解决，拿什么面对涉及生死的考验？如果连小风小浪都经不起，该如何面对生命里突如其来的暴风雨？别让妥协、放弃、懦弱，成为生命的关键词，不经历狂风暴雨的洗礼，如何能真心感叹彩虹的绚烂？

我们能够快进电影，快进歌曲，快进很多事情，但是我们无法快进人生。该遇到的困难和考验，一个也逃不掉；该吃的苦，一点也不能少吃。这就是生命的魅力，耐得住寂寞方能看得更远，经得住打击方能走得更远。既然是人生必经的路程，既然生命中还有更多的困难在等待我们，何不从现在开始拥抱这一切。虽然有时候，逆境让人暴躁，让人绝望，但是如果不从这浑水中灰头土脸地蹚一遭，如何能够在回望来路时，有底气为自己感到骄傲？

食物好不好吃，吃过才知道；美景好不好看，看过才知道；爱情是苦还是甜，爱过才知道；苦难是否难以克服，努力过才知道……很多事情，看过、听过都足以让我们真正明白其中的道理，如同成长和老去是必经的一般，只有自己亲身经历过才会明白其中的甘苦。

逆光有阴影，只有面朝太阳，才能沐浴阳光。逃避问题，只会让问题变得更糟糕，只有直面困难，迎难而上，才有可能战胜困难。而只有靠自己的力量终结困难，才能在回望时发现曾经以为的绝望，不过是自己懦弱，曾经以为无法渡过的逆境，是如此渺小。只是听过很多道理，当然过不好这一生，只有经过摸爬滚打的人生，才能熠熠生辉。

不要被困难打垮

没有人注定不幸，你绝对不比其他人更不幸。不要因为没有鞋子而哭泣，看看那些没有脚的人吧！绝对不要把自己想象成最不幸的人，否则，你就成了最不幸的人。

据说，世界上只有两种动物能达到金字塔顶：一种是老鹰，还有一种就是蜗牛。

老鹰和蜗牛，它们是如此不同。鹰矫健凶狠，蜗牛弱小迟钝。鹰性情残忍，捕食猎物甚至吃掉同类从不迟疑；蜗牛善良，从不伤害任何生命。鹰有一对飞翔的翅膀，而蜗牛背着一个厚重的壳。它们从出生就注定了一个在天空翱翔，一个在地上爬行，是完全不同的动物，唯一相同的是它们都能到达金字塔顶。

鹰能到达金字塔顶，归功于它有一双善飞的翅膀。也因为这双翅膀，鹰成为最凶猛、生命力最强的动物之一。与鹰不同，蜗牛能到达金字塔顶，主观上是靠它永不停息的执着精神。虽然爬行极其缓慢，但是每天坚持不懈，蜗牛总能登上金字塔顶。

我们中间的大多数人都是蜗牛，只有一小部分能拥有优秀的先天条件，成为鹰。但是先天的不足，并不能成为自暴自弃的理由。因为，没有人注定命中不幸。要知道，在攀登的过程中，蜗牛的壳和鹰的翅膀，起的是同样的作用。可惜，生活中，很多人只羡慕鹰的翅膀，很少在意蜗牛的壳。所以，当我们处于人生低谷时，不要浮躁，更不应该抱怨颓废，而应该静下心来，学习蜗牛，每天进步一点点，总有一天，你也能登上成功的金字塔。

高尔基早年生活十分艰难，3 岁丧父，母亲早早改嫁。在外祖父家，他遭受了很大的折磨。外祖父是一个贪婪、残暴的老头儿。他把对女婿的仇恨统统发泄到高尔基身上，动不动就责骂毒打他。更可恶的是，他那两个舅舅经常侮辱这个幼小的外甥，使高尔基过早地领略了人间的丑恶。只有慈爱的外祖母是高尔基唯一的保护人，她真诚地爱着这个可怜的小外孙，每当他遭到毒打时，外祖母总是搂着他一起流泪。

高尔基在《童年》中叙述了他苦难的童年生活。在 19 岁那年，高尔基突然得到一个消息：他最为慈爱的、唯一的亲人外祖母，在乞讨时跌断了双腿，因无钱医治，伤口长满了蛆虫，最后惨死在荒郊野外。

外祖母是人世间唯一疼爱高尔基的人。这位老人劳苦一辈子，受尽了屈辱和不幸，最后竟这样惨死。这个噩耗几乎把高尔基击蒙了。他不由得放声痛哭，几天茶饭不进。每当夜晚，他独自坐在教堂的广场上呜咽流泪，为不幸的外祖母祈祷。1887 年 12 月 12 日，高尔基觉得活在人间已没有什么意义。这个悲伤到极点的青年，从市场上买了一支旧手枪，对着自己的胸膛开了一枪。但是，他还是被医生救活了。后来，他终于战胜了各种灾难，成为世界著名的大文豪。

你要明白，没有人注定不幸。你的困难、挫折、失败，其他人同样可能遇到，而其他人遇到的更大的困难、挫折、失败，你却没有遇到，你绝对不比其他人更不幸。不要因为没有鞋子而哭泣，看看那些没有脚的人吧！要知道，没有什么困难能够打垮你，唯一能够打垮你的就是你自己。

许多人常常把自己看作是最不幸的、最苦的，实际上许多人比你的苦难还要大，还要苦，大小苦难都是生活所必须经历的。苦难再大也不能丧失生活的信心与勇气。与许多伟大的人物所遭受的苦难相比，我们个人所遭到的困难又算得了什么。名人之所以成为名人，大都是由于他们在人生的道路上能够承受住一般人所无法承受的种种磨难。他们面对事业上的不顺、情场上的失意、身体上的疾病、家庭生活中的困苦与不幸，以及各种心怀恶意之人的诽谤与陷害，没有沮丧，没有退缩，而是咬紧牙关，擦净那饱受创伤的心所流出的殷红的鲜血和悲愤的泪水，奋力抗争，不懈地拼搏，用自己惊人的毅力和不屈的奋斗精神，为人类的文明和社会的进步做出了卓越的贡献，从而成为伟大的人。

人生需要的不是抱怨、自怜，而是扎扎实实、艰苦地奋斗。人是为幸福而活着的，为了幸福，苦难是完全可以接受的。

人生的苦难与幸福是分不开的。人类的幸福是人类通过长期不懈的努力而逐步得到的，这其中要经历各种苦难，这正像人们常讲的，幸福是由血汗造就的。切记，拒绝苦难的人，不可能拥有幸福。

让自己在挫折中成长

成长其实就是不断战胜挫折的一个过程。经历过挫折的生命，就像绚丽无比的彩虹。

在生活中，挫折是不可避免的。但是，只要我们正确地看待挫折，敢于面对挫折，在挫折面前无所畏惧，克服自身的缺点，在困难面前不低头，那么，顽强的精神力量就可以征服一切。曾任美国总统的林肯一生中就遭遇过无数次失败和打击，然而他英勇卓绝，败而不馁，正是因为这惊人的顽强毅力才使他走上光辉大道。

不经历风雨，怎能见彩虹。的确，人生需要挫折。当挫折向你微笑时，你就会明白：挫折孕育着成功。

有一位穷困潦倒的年轻人，身上全部的钱加起来也不够买一件像样的西服。但他仍全心全意地坚持着自己心中的梦想——他想做演员，当电影明星。

好莱坞当时共有500家电影公司，他根据自己仔细划定的路线与排列好的名单顺序，带着为自己量身定做的剧本一一前去拜访。但第一遍拜访下来，500家电影公司没有一家愿意聘用他。

面对无情的拒绝，他没有灰心，从最后一家电影公司出来之后不久，他又从第一家开始了他的第二轮拜访与自我推荐。

第二轮拜访也以失败而告终。第三轮的拜访结果仍与第二轮相同。

但这位年轻人没有放弃，不久后又咬牙开始了他的第四轮拜访。当拜访第350家电影公司时，老板破天荒地答应让他留下剧本先看一看，他欣喜若狂。

几天后，他获得通知，请他前去详细商谈。就在这次商谈中，这家公司决定投资开拍这部电影，并请他担任自己所写剧本中的男主角。

不久这部电影问世了，名叫《洛奇》。这个年轻人就是好莱坞著名演员史泰龙。

面对1850次的拒绝，所需要的勇气是我们难以想象的。但正是这种勇敢，这种不轻言放弃的精神，这种对自己理想的执着追求，让故事中的年轻人的梦想得到了实现。在我们实现梦想的路途中，也会不可避免地遭遇到种种挫折，让我们用执着为自己导航，坚定地竖起乘风破浪的风帆，坚信总有一天成功的海岸线会在我们眼里出现。

挫折是一座大山，想看到大海就得爬过它；挫折是一片沙漠，想见到绿洲就得走出它；挫折是一道海峡，想见到大陆就得游过它。

挫折是人生，是成长不可缺少的基石。

挫折会给人带来伤害，但它还给我们带来了成长的经验。被开水烫过的小孩子是绝不会再将稚嫩的小手伸进开水里的。即使他再顽皮，他也会记得开水带来的伤痛。被刀子割破了手指的小孩子是绝不会再肆无忌惮地拿着刀子玩耍的，因为他知道刀子很危险。孩子们经历了挫折，但他们换来了成长的经验。这不正是我们所说的“坏事变好事”吗？

有位名人说过："勇者视挫折为走向成功的阶梯，弱者视之为绊脚石。"上天之所以要制造这么多的挫折，就是为了让你在挫折中成长。当你战胜种种挫折，蓦然回首时，你就会惊喜地发现，你成熟了。

在苦痛中寻找快乐

人生常常浸泡在痛与苦中。一次次心痛，一道道伤痕，一遍遍泪水，洗不去人生的尘埃和命运中的艰辛。何必跟自己过不去，放平自己的心，搁浅自己的梦，把希望打折，把生命烘干，学会在艰难的日子里寻乐！

生命进程中，当痛苦、绝望、不幸和畏难向你逼近的时候，你是否能够快乐开心地过一生？尼采说："人生就是一场苦难。"的确，谁都无法让我们"心想事成，无忧无虑"地过一辈子，唯有"把黄连当哨吹——苦中作乐"，才能战胜忧愁，享受快乐。

戴维是饭店经理，他的心情总是很好。当有人问他近况如何时，他回答："我快乐无比。"

如果哪位同事心情不好，他就会告诉对方怎么去看事物好的一面。他说："每天早上，我一醒来就对自己说，戴维，你今天有两种选择，你可以选择心情愉快，也可以选择心情不好，我选择心情愉快。每次有坏事发生，我可以选择成为一个受害者，也可以先去面对各种处境。归根结底，你自己选择如何面对人生。"

有一天，戴维被三个持枪的歹徒拦住了。

歹徒朝他开枪。幸运的是，发现及时，戴维被送进急诊室。经过 18 个小时的抢救和几个星期的精心治疗，戴维出院了，只是仍有小部分弹片留在他体内。

6个月后，戴维的一位朋友见到他。朋友问他近况如何，他说：“我快乐无比。想不想看看我的伤疤？”

朋友看了伤疤，然后问他当时想了些什么。戴维答道：“当我躺在地上时，我对自己说有两个选择：一是死，一是活。我选择活。医护人员都很好，他们告诉我，我会死的。但在他们把我推进急诊室后，我从他们的眼神中读到了‘他是个死人’。我知道我需要采取一些行动。”

“那么，你采取了什么行动？”朋友问。

戴维说：“有个护士大声问我对什么东西过敏。我马上答道：“有的。”这时所有的医生、护士都停下来等我说下去。我深深吸了一口气，然后大声吼道：“子弹！”在一片大笑声中，我又说道：“请把我当活人来医，而不是死人。”

戴维就这样活下来了。

英国作家萨克雷有句名言：“生活是一面镜子，你对它笑，它就对你笑；你对它哭，它也对你哭。”如果你把自己看成弱者、失败者，你将郁郁寡欢；如果你将自己看成强者，你将快乐无比。你可以快乐，只要你希望自己快乐。

古人讲：“不知生，焉知死？”不知苦痛，怎能体会到快乐？痛苦就像一枚青青的橄榄，品尝后才知其甘甜。品尝橄榄容易，品尝生活中的痛苦，需要勇气！

迎着风浪去远航

如果你拥有一颗积极向上、勇于攀登的心，就能够在逆境中找到快乐。即使再大的风浪，我们也能扬帆远航。

17 世纪法国启蒙哲学家卢梭曾经说过：“一个真正了解幸福的人，无论什么样的打击都无法使他潦倒。”美国小说家马克·吐温也曾说过说：“人生在世，必须善处逆境，万不可浪费时间，做无益的烦恼，最好还是平心静气地去办事，想出补救的办法来。辛勤的蜜蜂，永远没有时间悲哀。杰出的人们，会在逆境中磨砺意志，卧薪尝胆，厉兵秣马，展现非凡的人生风采。”

在现实生活中，假如你没有被逆境所吓倒，反而以乐观的态度，面对它们，那么，你就极有可能把逆境变成了顺境。

只要乐观地面对一切，你的生活就会变得快乐无穷了。

而在困境中，除了乐观，我们还得有征服困难的坚强意志。没有这种意志的人常常浸泡在痛苦中。一道道伤痕，一次次心痛，一遍遍泪水，让他们自怨自怜悲叹不已，丧失了做人的斗志。

幸福来源于我们自己，不幸是命运强加给我们的。战胜命运，就是我们的幸福，没有战胜命运，就是我们的不幸。许多逆境通常是好的开始。有人在逆境中成长，也有人在逆境中跌倒，这其中的差别，就在于我们如何看待。硬是在地上赖着，爬不起来的人，注定只能继续哭泣，而能立刻站起来的人却能成就更好的自己。幸福是甘美的，如同一杯美酒，越陈越醉人，也越容易被人喝干。

而且，逆境会让人变得更深刻，顺境却容易让人变得浅薄。霍兰德说：“在黑暗的土地上生长着最娇艳的花朵，那些最伟岸挺拔的树林总是在最陡峭的岩石中扎根，昂首向天。”

人生中，并不是每一次不幸都是灾难，其实，早年的逆境通常是一种幸运。与困难做斗争不仅磨炼了我们的意志，也为日后更为激烈的竞争准备了丰富的经验。

有的时候，顺境会变成一个陷阱，因为身处顺境的人很容易为眼前的景致所迷惑而失去危机意识，历史上人生一帆风顺而最后身遭其祸的人举不胜举。在逆境中，有的人自杀，有的人疯狂，也有的人化作不死鸟，涅槃后而重生，从他身上发出的光照亮了世间各个角落。

无论多大的苦难、多大的风浪，也无法磨灭我们的斗志，无法抹杀我们与命运搏斗做出的努力。只有在逆境中我们才能真正了解快乐与幸福是什么！只有在逆境中我们才能真正正视自我！只有在逆境中我们才能真正获得快乐与幸福！

一个热爱生活的人，必定善于面对生活中的逆境。或许，对于那些经历了许多风风雨雨的人来说，可以深刻体味出其中的滋味——在风浪中起航，更能体验到快乐！

在每一次被打倒后都能爬起来

无论多么美好的东西，人们只有付出相应的劳动和汗水，才能懂得这美好的东西是多么来之不易，因而愈加珍惜它。这样，人们才能从这种“拥有”中享受到快乐和幸福。

生活中很多东西是难以把握的，但是成长是可以把握的。也许我们再努力也成为不了刘翔，但我们仍然能享受奔跑。可能会有人妨碍你的成功，却没人能阻止你的成长。换句话说，这一辈子你可以不成功，但是不能不成长。

人生旅途中，似乎不总是那么一帆风顺，如愿如期，总有一些困难与挫折。既然上天给了我们一次次锻炼与考验的机会，那我们又何必畏首畏尾，退避三舍呢？与其在那儿蜷缩手脚、闷闷不乐，倒不如在逆境中顽强拼搏。或许我们能改变现状，毕竟是“山重水复疑无路，柳暗花明又一村”，天无绝人之路。当老天为你关闭这扇窗，必定也为你打开了另一扇窗，只是你缺少睿智的眼睛。

一位父亲很为他的孩子苦恼。因为他的儿子已经十五六岁了，可是一点男子气概都没有。于是，父亲去拜访一位禅师，请他训练自己的孩子。

禅师说：“你把孩子留在我这里，3个月以后，我一定可以把他训练成真正的男人。不过，这3个月里面，你不可以来看他。”父亲同意了。

3个月后，父亲来接孩子。禅师安排孩子和一个空手道教练进行一场比赛，以展示这3个月的训练成果。

教练一出手，孩子便应声倒地。他站起来继续迎接挑战，但马上又被打倒，他就又站起来……就这样来来回回一共16次。

禅师问父亲：“你觉得你孩子的表现有没有男子气概？”

父亲说：“我简直羞愧死了！想不到我送他来这里受训3个月，看到的结果是他这么不经打，被人一打就倒。”

禅师说：“我很遗憾你只看到表面的胜负。你有没有看到你儿子那种倒下去立刻又站起来的勇气和毅力呢？这才是真正的男子气概啊！”

不断地倒下，再不断地爬起，正是在磕磕碰碰中我们成长了。故事中男子汉的气概并不是表现在我们跌倒的次数比别人少，而是在于，每次跌倒后，我们都有爬起来再次面对困难的勇气和不达目的誓不罢休的毅力。

每个人都在成长，这种成长是一个不断发展的动态过程。也许你在某种场合和时期达到了一种平衡，而平衡是短暂的，可能瞬间即逝，不断被打破。成长是无止境的，生活中很多东西是难以把握的，但是成长是可以把握的，这是对自己的承诺。

面对激烈的竞争、种种挑战和痛苦，我们唯一能做的就是迅速充实自己，成长起来，只有这样，才不会被困难和挑战击倒。

在逆境中学会成长，姑且看成是上天对我们“特别”的关怀，我们应做出成绩，做出榜样。在逆境中提升人格的力量，磨砺性格的力量，增强信念的力量，最后交织融合，升华自己生命的力量。

在逆境中成长，我们的羽翼会更加丰满，便能飞向天涯海角；我们的心胸会更加宽广，便能容纳百川，吸吮万千；我们的双臂会更加结实与厚重，便能承载千山万水、艰浪险滩。

第二章
为日标努力，美好就会如期而至

没有目标的人生就像没有方向的航船，只能在海上漫无目的地漂泊。要掌握自己的人生航向，先要明确你的目标，找到努力的方向，再立即采取行动，不断努力提高自己的能力，促进自己的成长，就能获得满意的人生。而很多时候，生活对我们生命的把控和我们对自己步伐的安排是不一致的，因此，不必太急躁，更不必过分看重眼下的结果。只要我们咬紧牙关，努力前行，最终，生活会给予我们相应的回报。

只要努力坚持就会得到回报

“天下没有免费的午餐”，说的是这个世界上，没有不劳而获的事情。同理，肯付出努力的人，必然会得到回报。或许有时候，生活不一定会立刻给我们想要的答案，但是不必过于沮丧，因为上帝是个调皮的造物主，它会在适当的时机给我们惊喜。因此，不要放弃努力。

委屈似乎成了很多人口中的常用词：为什么我这么努力，却得不到他人的喜欢，我很委屈。为什么我尽力了，却始终没有好的结果，我特别委屈。为什么他人总是看不到我的努力，我明明如此勤奋，我非常委屈……这大概是我们惯用的思维模式。

快节奏的生活和较大的现实压力，经常让我们失去耐心，当我们做出了努力之后，就需要立刻看到结果。而很多时候，生活对我们生命的把控和我们对自己步伐的安排是不一致的，因此，不必太急躁，更不必过分追逐眼下的结果。只要我们咬紧牙关，努力前行，最终，生活都会给予我们相应的回报。

一位旅行者，在跋涉到河边的时候，遇到了一位因无法渡河而犯难的老人。虽然当时他已经非常疲惫，但是他还是尽全力帮助老人渡过了河。但是，他没有想到，过了河之后，老人就继续前行了，对于自己的帮助，连句感谢的话都没有，他有些沮丧和懊悔，觉得自己白白帮助了老人，还不如节省点力气。一段时间之后，旅行者几乎到了精疲力竭的程度，正犯难如何找到补给的时候，一位年轻人出现了。原来这位年轻人是老人的孙子，他递给了旅行者一大袋干粮，告诉旅行者，自己的祖母特别感谢他刚才的慷慨相助，并嘱咐自己把胯下的马送给这位旅行者。

很多时候，生活不会雪中送炭，在我们最需要的时候，给予我们相应的回报。当我们遇到挫折和不如意的时候，要相信自己，坚持下去，保持努力，生活一定会在某个时刻，突然出现在我们面前，给我们惊喜。

小张是个非常努力的年轻人，虽然进入了一家比较好的公司，站在了比同龄人高的起点上，但是她从来不骄傲，每天认真学习，认真工作，不放过任何细节，并用严格的标准来要求自己。因此，她进步很快，进入公司半年的时间，已经能够独立处理很多事情。主管也对她非常满意，甚至当公司有新人入职的时候，主管都会让小张帮忙培训。

后来，公司的管理职位有了一个空缺，将在小张所在的团队里选一个人填补这个空缺。小张觉得自己平时足够努力，工作上也几乎没有差错，主管也非常喜欢自己，于是心里默默地认为这个机会应该就是自己的了。

但是，小张的主管最终却选择了另外一个入职更久的同事来担任这个职位。这让小张非常沮丧，甚至感到十分委屈，一度对工作有些消极。主管看出了小张的心思，便鼓励小张说：“你的努力，我和大家都看在眼里。你要相信自己，不要因为这个事情就放弃了自己一直以来的坚持。让自己好好沉淀一段时间，也许会有惊喜呢。”

原来，当时公司已经计划开拓新的业务领域，这个领域需要一个团队主管，领导早已经想好了，要让小张担任这个职位，只是因为业务还没有上线，所以一直在计划中。

半年之后，这个业务上线了。当领导告诉小张这个消息的时候，小张十分感动。原来自己的努力一直都没有白费，时间真的给了自己回报，而且是更好的回报。

正如有句话说的那样："很多事情，到最后都是好的结果。如果不是这样，那就说明还没有到最后。"遗憾的是，很多人被挫折和坎坷打败了，没能坚持下去，等到机会来临的时候，才懊恼自己当初的脆弱和不坚持。

人生不会只有顺境，不论遇到顺境逆境都不能放弃努力。特别是当遇到不顺心的事情时，不要妄自菲薄，甚至全盘否定自己的努力。我们最需要的就是耐心和信心，要有耐心，要对自己有信心。这就好比站在空荡的山头，朝着对面的山头喊话，当我们用力喊出一声的时候，你不会立刻听到回声，总会有一段小小的时间，我们才能听到那绵延的回声。生活会给我们答案，不会让我们做无谓的努力，但是生活不是个急性子，不会立刻告诉我们所有结果。

逆水行舟，不进则退。我们所处的环境，已经不能让我们处于安逸的状态了，因此我们要努力，而且要不懈地努力。在努力过程中，莫要因为困难或者偶尔的不顺而心灰意冷，甚至完全放弃。这样真的会让我们得不偿失。我们深知，很多事情不是一蹴而就的，好事多磨就是这个道理。有时候感觉自己用尽了力气，却还是失败了，但是要相信，我们的努力，生活看得到，当我们坚持下去之后，才会发现，生活早就准备好了更好的答案，等待我们来接受努力的硕果。

我们每个人都会有不满的时候，对自己不满，对他人不满，对生活不满。而很多不满的根源是我们对自己不努力的掩饰，生活只会善待拼命努力的人。因此在遭遇了人生的滑铁卢时，不要轻易地怀疑自己、怀疑他人、怀疑生活。而应该想办法改变自己，不断努力提升自己，不放弃坚定走向目标的决心。

要记住，属于我们的好结果，无论绕了多大的圈，我们都会得到。因此，不必心慌，不必惶恐，只要我们够努力，只要我们坚持，生活一定会给予我们一个不错的回报。

没有梦想的世界是黑暗的

美国一位哲人曾这样说过：“很难说世上有什么做不了的事，因为昨天的梦想，可以是今天的希望，并且还可以是明天的现实。”梦想是什么呢？梦想是对美好未来的向往与追求，它在我们的生命中是不可或缺的。没有泪水的人，他的眼睛是干涸的；没有梦想的人，他的世界是黑暗的。

梦想对一个人是很重要的，一个没有梦想的人，就像断了线的风筝一样，没有任何的方向和依靠，就像大海中迷失了方向的船，永远都靠不了岸。只有梦想可以使我们有希望，只有梦想可以使我们保持充沛的想象力和创造力。要想成功，必须具有梦想，你的梦想决定了你的人生。

一位成功人士回忆他的经历时说：“小学六年级的时候，我考试得了第一名，老师送我一本世界地图，我好高兴，跑回家就开始看这本世界地图。很不幸，那天轮到我为家人烧洗澡水。我一边烧水，一边在灶边看地图，看到一张埃及地图，想到埃及很好，埃及有金字塔，有埃及艳后，有尼罗河，有法老王，有很多神秘的东西，心想长大以后如果有机会我一定要去埃及。

我正看得入神的时候，突然有人从浴室冲出来，胖胖的，围一条浴巾，用很大的声音跟我说：“你在干什么？”我抬头一看，原来是我爸爸。我说：“我在看地图！”爸爸很生气，说：“火都熄了，看什么地图！”我说：“我在看埃及的地图。”我爸爸跑过来啪啪给我两个耳光，然后说：“赶快生火！看什么埃及地图！”打完后，踢我屁股一脚，把我踢到火炉旁边去，用很严肃的表情跟我讲：“我给你保证，你这辈子不可能到那么遥远的地方！赶快生火！”

我当时看着爸爸，呆住了，心想：“我爸爸怎么给我这么奇怪的保证，真的吗？我这一生真的不可能去埃及吗？”20 年后，我第一次出国就去埃及，我的朋友都问我：“到埃及干什么？”那时候还没开放观光，出国是很难的。我说：“因为我的生命不要被保证。”于是我就自己跑到埃及旅行。

有一天，我坐在金字塔前面的台阶上，买了张明信片寄给我爸爸。我写道：“亲爱的爸爸：我现在在埃及的金字塔前面给你写信。记得小时候，你打我两个耳光，踢我一脚，保证我不能到这么远的地方来，现在我就坐在这里给你写信。”写的时候我的感触很深。我爸爸收到明信片时跟我妈妈说：“哦！这是哪一次打的，怎么那么有效？一脚踢到埃及去了。”

俄国文学家列夫·托尔斯泰说：“梦想是人生的启明星。没有它，就没有坚定的方向；没有方向，就没有美好的生活。”

梦想能激发人的潜能。心有多大，舞台就有多大。人是有潜力的，当我们抱着必胜的信心去迎接挑战时，我们就会挖掘出连自己都想象不到的潜能。如果没有梦想，潜能就会被埋没，即使有再多的机遇等着我们，我们也可能错失。

有了梦想，你还要坚持下去，如果半途而废，那和没有梦想的人也就没有区别了。如果你能够不遗余力地坚持，就没有什么可以阻止你的理想实现。

梦想是前进的指南针。因为心中有梦想，我们才会执着于脚下的路，坚定自己的方向不回头，不会因为形形色色的诱惑而迷失方向，更不会被前方的险阻而吓退。

把实现目标当成挑战自我的机会

美西战争爆发之时，美国总统必须马上与古巴的起义军将领加西亚取得联系。加西亚在古巴的大山里——没有人知道他的确切位置，可美国总统必须尽快得到他的合作。

有什么办法呢？有人对总统说："如果有人能够找到加西亚的话，那么这个人一定是罗文。"于是总统把罗文找来，交给他一封写给加西亚将军的信。至于罗文中尉如何拿了信，用油纸袋包装好，上了封，放在胸口藏好；如何坐了四天的船到达古巴，再经过三个星期，徒步穿过这个危机四伏的岛国；如何找到加西亚——这些细节都不重要。

重要的是，美国总统把一封写给加西亚的信交给罗文，罗文把信交给了加西亚，罗文接过信之后并没有问："他在什么地方？"

像罗文中尉这样的人，值得拥有一尊塑像，放在所有的大学里。太多人所需要的不是从书本上学习来的知识，也不仅是他人的一些教诲，而是要铸就一种精神：积极主动、全力以赴地完成任务——“把信送给加西亚”。

阿尔伯特·哈伯德所写的《把信送给加西亚》一书首次发表是在 1899 年，随后就风靡了整个世界。不仅是因为每一个领导都喜欢罗文这样的下属，更因为每一个人都从心底佩服罗文，佩服这个主动挑战任务的人。现代企业，迫切需要罗文，需要具有责任心和自动自发精神的好员工！而我们的人生，也同样渴望罗文精神。

彼得和查理一起进入一家快餐店，当服务员。他俩的年龄一样，也拿着同样的薪水，可是工作时间不长，彼得就得到了老板的褒奖，很快被加薪，而查理仍然在原地踏步。面对查理和周围人士的牢骚与不解，老板让他们站在一旁，看看彼得是如何完成服务工作的。一位顾客走过来要一碗面。

彼得微笑着对顾客说：“先生，你愿意在面中加入一个还是两个鸡蛋呢？”

顾客说：“哦，一个就够了。”

这样快餐店就多卖出一个鸡蛋。在面中加一个鸡蛋通常是要额外收钱的。

看完彼得的工作后，经理说道：“据我观察，我们大多数服务员是这样提问的：‘先生，你愿意在你的面中加一个鸡蛋吗？’而这时顾客的回答通常是：‘哦，不，谢谢。’对于一个能够在工作中主动解决问题、主动完善自身的员工，我没有理由不给他加薪。”

其实这个道理很简单：比别人多努力一些、多思考一些，就会拥有更多的机会。

对很多人来说，每天的工作可能是一种负担，一项不得不完成的任务，他们并没有做到工作所要求的那么多、那么好。对每一个企业和老板而言，他们需要的绝不是那种仅仅遵守纪律、循规蹈矩，却缺乏热情和责任感，不够积极主动、自动自发的人。

工作需要自动自发，而那些整天抱怨工作的人，是永远都不会“把信送给加西亚”的，他们或者出发前就胆怯了；或者遇到苦难而中途放弃；或者弄丢了这封重要的信，害怕惩罚而逃走；或者被敌人发现，背叛写信人。这样的人，其人生能有多广阔？

其实，我们每个人都可以把自己的目标当成一次“把信送给加西亚”的任务，这是一次挑战自己的机会，也是实现自我、突破自己的机会。

心中始终装着自己的目标

别人的人生再辉煌，你也感受不到任何光和热，别人的辉煌与自己毫无关系，你所能做的就是耐住寂寞，认准自己的目标，然后一步步地向自己的目标迈进，千万不要被别人的成功晃花了眼。

在2006年之前，低调的张茵对于大众而言还是一张很陌生的面孔。一夜间，“胡润富豪榜”将这中国女首富推向前台，这个颇具传奇色彩的商界女强人瞬间成为公众瞩目的焦点。

在美国《财富》杂志“2007年最有影响力商业女性50强”中，她被称为“全球最富有的白手起家的女富豪”！张茵已成为这个时代平民女性的榜样。

玖龙造纸有限公司，当这一企业红遍大江南北时，张茵也因此赢得了“废纸大王”的美誉。这个东北姑娘当年的泼辣闯劲至今还留在亲人的脑海里。

张茵出生于东北，走出校门后，做过工厂的会计，后来在深圳信托公司的一个合资企业里做财务工作。1985 年，她曾有过当时看来绝好的机遇：分配住房，年薪 50 万港币……然而，张茵却只身携带 3 万元前往香港创业，在香港的一家贸易公司做包装纸的业务。

一直指导张茵的财富法则就是做事专注而坚定。看准商机就下手，全心全意去做事。对于中国四大发明之一的传统行业——造纸业，张茵情有独钟，倾注了很多的心血：从中国香港到美国，再到中国香港，继而把战场转向家乡，扩大到全世界，她的足迹随着纸浆的流动遍布全球。最初入行的张茵以"品质第一"为本，坚决不往纸浆里面掺水，因而触犯同行的利益吃尽了苦头，她曾接到黑社会的恐吓电话，也曾被合伙人欺骗。从未退缩的张茵凭借豪爽与公道逐渐赢得了同行的信任，废纸商贩都愿意把废纸卖给她，尽管她的粤语说得不好，但是诚信之下，沟通不是问题。

6 年时间很快过去，赶上香港经济蓬勃时期的张茵不但站稳了脚跟，而且还在完成资本积累的同时，把目光投向了美国市场。因为有了在香港积累的丰富创业实践经验和一定资本，加之美国银行的资金支持，1990 年起，张茵的中南控股（造纸原料公司）成为美国最大的造纸原料出口商，美国中南有限公司先后在美建起了 7 家打包厂和运输企业，其业务遍及美国、欧亚各地，在美国各行各业的出口货柜中数量排名第一。

成为美国废纸回收大王后，独具慧眼的张茵有了新的想法：做中国的废纸回收大王！1995 年，玖龙纸业在广东东莞投建。12

年后，玖龙纸业产能已近700万吨，成为一家市值300多亿港元的国际化上市公司……

从张茵的身上，我们看到了她的专注与坚定。无论做什么事，都全身心地投入。只要全心全意做好一件事，无论遇到什么困难与挫折，只要沉着应对，都可以化险为夷。

有人说，挡住人前进步伐的不是贫穷或者困苦的生活环境，而是内心对自己的怀疑。但是，如果一个人内心里始终装着自己的目标，并且能够耐得住寂寞，静下心来学着为自己的目标积累能量，坚定不移地为实现自己的目标而努力，那么即使他贫穷到买不起一本书，仍然可以通过借阅来获得知识。

人若是耐不住寂寞，老是眼红别人的成就，则不免会产生愤懑之心，看不得别人取得成就，要么悲叹命运之苦，要么控诉社会不公，这样一来，难免会让自己陷入负面情绪当中，从而影响了自己的前程。

做自己想做的事情

生命的真正意义在于做自己想做的事情。如果我们总是被迫去做自己不喜欢的事情，永远不能做自己想做的事情，我们就不可能拥有真正幸福的生活。可以肯定，每个人都可以并且有能力去做自己想做的事，想做某种事情的愿望，这本身就说明你具备相应的才能或潜质。

为了生存，或许你不得不做自己不愿意做的事情，而且似乎已经习惯了在忍耐中生活。拿出你的魄力，做你想做的事情，放飞你心灵的自由鸟吧。

“知人者智，自知者明。”无论有多么困难，我们都应该找到自己内心深处真正需要的东西。甘愿迷失方向的人，永远也走不出人生的十字路口；只有那些不愿随波逐流、不甘被陈规束缚的人，才有勇气和魄力解除捆绑自己身心的绳索，找到自己想做的事情，并从中获得幸福和满足感。

冲破世俗的罗网，冲破内心的矛盾，真实地做一次自由的选择吧。生活本没有那么多的拘束，只是你自己不愿意改变现状，甘于这种无奈。

做自己想做的事情，这也是人生一大快事！

当然，做自己想做的事情在一定程度上要取决于你是否具备该行业所要求的特长。

没有出色的音乐天赋，很难成为一名优秀的音乐教师；没有很强的动手能力，就很难在机械领域游刃有余；没有机智老练的经商头脑，也很难成为一名成功的商人。

但是，即使你具备某种特长，并不能保证你就一定能够成功。有些人具有非凡的音乐天赋，但是，他们一生却从未登上大雅之堂；有些人虽然手艺高超，却未能过上富裕的生活；有些人具有出色的人际交往和经商能力，但他们最终却是失败者。

在追求成功和致富的过程中，人所拥有的各种才能如同工具。好的工具固然不可少，但是能否正确地使用工具同样非常重要。有人可以只用一把锋利的锯子、一把直角尺、一个很好的刨子做出一件漂亮的家具，也有人使用同样的工具却只能仿制出一件拙劣的产品，原因在于后者不懂得善用这些精良的工具。你虽然具备才能并把它们作为工具，但你必须在工作中善用它们，充分发挥其作用，方能天马行空。

当然，如果你拥有某一个行业所需要的卓越才能，那么，你从事这个行业的工作，会比别人有更多的自由度。一般说来，处在能够发挥自己特长的行业里，你会干得更出色，因为你天生就适合干这一行。但是，这种说法具有一定的局限性。任何人都不应该认为，适合自己的职业只能受限于某些与生俱来的资质，无法做更多的选择。

做你想做的事，你将能获得最大的自由感。做你最擅长的事，并且勤奋地工作，当然这是最容易取得成功的。

如果你具有想做某件事情的强烈愿望，这本身就可以证明，你在这方面具有很强的能力或潜能。你所要做的，就是正确地运用它，并且巩固和发展它。

在其他所有条件相同的情况下，最好选择进入一个能够充分发挥自己特长的行业。但是，如果你对某个职业怀有强烈的愿望，那么，你应该遵循愿望的指引，选择这个职业作为你最终的职业目标。

做自己想做的事情，做最符合自己个性、令自己心情愉悦的事情，这是所有人的共同追求。

谁都无权强迫你做自己不喜爱的事情，你也不应该去做这样的事情，除非它能帮助你最终获得自己所求的结果。

如果因为过去的失误，导致你进入了自己并不喜爱的行业，处在不如意的工作环境中，在这种情况下，你确实不得不做自己并不想做的事情。但是，目前的工作完全有可能帮助你最终获得自己喜爱的工作，认识到这一点，看到其中蕴藏的机遇，你就可以把从事眼下的工作变成一件同样令人愉悦的事情。

如果你觉得目前的工作不适合自己，请不要仓促换工作。通常说来，换行业或工作的最好方法，是在自身发展的过程中顺势而为，在现有的工作中寻找改变的机会。当然，如果一旦机会来临，在审慎的思考和判断后，就不要害怕进行突然的、彻底的变化。但是，如果你还在犹豫，还不能得出明确的判断，那么，等条件成熟了，自己觉得有把握了再行动。

立志不坚，终不济事

我们常说的“燕雀安知鸿鹄之志”的典故出自《史记·陈涉世家》。

陈胜是阳城人（今郑州登封）。他年轻时是个雇工，给人耕田种地，长年累月像牛马一样受苦受罪，心里很是不平。有一天，在耕地中途他忽然停下来，走到田垄上，握拳作势，怅然愤恨了许久，然后对伙伴们说：“要是将来谁富贵了，彼此都不要忘记。”伙伴们笑着回他说：“你是个雇佣耕田工，哪里会有什么富贵呢?”陈胜叹息道：“唉，燕雀安知鸿鹄之志哉?”这个故事表明了秦末农民起义领袖陈胜年少时就有像大鸟鹏程万里的远大志向。

所以说，确立远大的志向对于我们的人生具有重要的意义。志向作为一种价值目标，它能够激发人们的意志和激情，产生一种强大的精神动力，激励人们以积极、主动、顽强的精神投身于生活，对人生抱有积极向上的进取精神和乐观态度。

在我国历史上，那些英雄都是具有远大志向的人。

夏禹为了治水，九年在外，三过家门而不入。

秦国李冰父子为了解决四川盆地的洪涝灾害，带领百姓治水，克服了无数困难，建成了闻名于世的都江堰。

汉代的霍去病，为了大汉的安宁，长期驻守在边关，坚持抵御匈奴的侵略，在戎马中度过了自己的一生。当击退了匈奴的入侵，汉武帝准备给他大盖府第以奖赏他的功绩时，他却说："匈奴未灭，何以为家?"

南宋末年的文天祥曾说："人生自古谁无死，留取丹心照汗青。"

清代民族英雄林则徐，坚持抵抗英殖民主义的侵略，直至被充军到新疆后，仍不灰心，一直没有忘记外国列强对我国的侵略，并在边疆和当地百姓一起修水利，栽葡萄，为人民造福。

志向，是人生前进的目标和导航的灯塔，是鼓舞人们去努力拼搏的动力。南宋哲学家朱熹说，"大丈夫不可无气概""立志不坚，终不济事"。他在批评当时庸俗的社会风气时，说道："今人贪利禄，而不贪道义，要作贵人，不作好人，皆是志不立之病。"北宋文学家苏轼指出："天下未有其志而无其事者，亦未有无其志而有其事者。事因志立，立志则事成。古之立大事者，不唯有超世之才，亦必有坚忍不拔之志。"

幸福来源于为成功而奋斗，而成功的首要前提是立志，立下远大而实际的志向。所以说，立志和人生的幸福是紧密联系的。每个人毕生都会思考这样一个问题：人生的价值是什么？如何生活才是幸福？其实，一个人只要树立了远大的志向，他就会把远大志向的实现，视为人生的价值和幸福。

卡耐基认为，远大志向是对幸福的憧憬、向往和追求，幸福是远大志向的实现。志向的实现是令人神往的，是幸福的，而对志向的追求则能唤起人们的极大热忱，获得精神上的充实感，这本身也是一种幸福。所以，无数仁人志士为了追求和实现远大的奋斗目标，甘愿面对艰难困苦，他们从来都不会放弃，从来都不会绝望，他们以苦为乐，对生活始终抱着极大的希望。而那些没有远大志向的人，终日浑浑噩噩地生活，白白地浪费自己的一生。在他们的生活中也许没有多大的痛苦，但他们也不会有真正的幸福。

立志就要先学会收心。一个人清心寡欲，矢志不渝，这是人心向上的最好状态。然而在当今时代，人心容易浮躁，容易受声色犬马的诱惑，东追西逐，不知所至。这样的追求不是美好的。

立志，当然不能立歪志。中国古代讲“修齐治平”就表现出传统文化对于立志的基本要求，就是要利国、利民、利天下。我们立定志向要有所为，而有所不为。面对滔滔人海，我们不能人云亦云，不能盲从，要敢于相信真理，相信自己的志向。虽千万人，吾往矣，这才是真正的鸿鹄之志！

那些倒在失败与挫折中的人，不是没有志向，只是他们没有坚持志向；那些在潦倒中绝望的人，不是因为他们的志向太小，要知道他们也曾立下鸿鹄之志，但如果没有坚持下去，无论再大的志向也只是一场幻想；而那些志向坚定的人，无论他们的志向是小是大，那也是真正的“鸿鹄之志”！

相信自己一定会成功

人生总会有高低起伏，不会有永远处于低谷的人生，也不会有永远兴盛的家世，处于困顿中的人一样要抱持这样一种信念，要相信自己总有一天会成功。

张海迪1955年出生于山东省文登市，小的时候，她很聪明、活泼。可5岁那年，她突然得了一种奇怪的病，胸部以下完全失去了知觉，生活不能自理了。为了治好病，她不知道做了多少次手术。医生们都认为，像张海迪这么小的高位截瘫患者，一般很难活到成年。

面对死神的威胁，小海迪意识到自己的生命很难长久，可是她并没有向命运屈服，她不想成为一个只能依赖家人的人，她相信，只要自己坚持不懈地努力，自己总有一天会获得成功。为了不虚度光阴，她把每一分每一秒都用在刻苦自学上。

在日记中，她把自己比作天空中的一颗流星。她这样写道："不能碌碌无为地活着，活着就要学习，就要多为群众做些事情。既然我像一颗流星，我就要把光留给人间，把一切奉献给人民。"

1970年，张海迪跟随父母到乡下插队落户。她看到当地群众缺医少药，便萌生了学习医术的想法。她用平时省下来的零用钱买来了医学书籍，努力研读。为了能够识别内脏，她拿一些小动物来做解剖，为了了解人的针灸穴位，她就用自己的身体做实验；她用红笔、蓝笔在身上画满了各种点，在自己的身上练习扎针。她以常人难以想象的坚强的毅力，克服了无数的困难，终于能够治疗一些常见病和多发病了。

十几年里，张海迪医好了一万多名群众。搬到县城后，由于身体残疾，她没有工作可做，但她并不想让自己成为一个闲人。她从高玉宝写书的经历中得到启示，决定自己也走文学创作的路子，用笔去描绘美好的生活。

经过多年的勤奋写作，她的作品《轮椅上的梦》一经出版问世，就立刻引起了十分强烈的反响。张海迪有着坚定的人生信念，只要自己认准了的目标，无论前面有多少艰难险阻，都要努力地跨过去。

一次，一位老同志拿一瓶进口药，请她帮忙翻译一下文字说明，可张海迪并不懂英文，看着这位老同志满脸失望地离去，她心里很是不安。从那天开始，她决心学习英文。在学习英文期间，她的墙上、桌上、灯罩上、镜子上乃至手上、胳膊上都写有英语单词，她还给自己定下了任务，每天晚上必须记住 10 个单词，否则就不睡觉。家里无论来了什么样的客人，只要会一点英语的，都成了她学习英语的老师。

几年以后，她不仅可以熟练阅读英文版的报刊和文学作品，而且还翻译了英国长篇小说《海边诊所》。当她将这部译稿交给某出版社的总编时，那位年过半百的老同志感动得流下了热泪。

是的，每个人都会遇到这样那样的不顺。这时，你必须保持清醒，坚定地相信自己总有一天会成功。秉持这样的信念，上天就不会辜负你。

没有一帆风顺的人生，即使现在你失业了，也不要自暴自弃，心中永远保有成功的信念，终有一天你会获得成功。

目标是成功的起点

一个连自己的人生观都还没有确定、学问道德修养都还不够的人，是没有资格直接去指点别人行为的得失。一个人没有自己的人生观，没有人生的方向，只是一味地跟着环境在转，那是人生最悲哀的事。人生有自我存在的价值，选择一个目标，就等于明确了人生的方向，这样才不至于迷失。

比塞尔是西撒哈拉沙漠中的一颗明珠，每年有数以万计的旅游者来到这里。可是在肯·莱文发现它之前，这里还是一个封闭而落后的地方。这里的人没有一个走出过大漠，据说不是他们不愿离开这块贫瘠的土地，而是尝试过很多次都没有走出去。

肯·莱文当然不相信这种说法。他用手语向这里的人问原因，结果每个人的回答都一样：从这里无论向哪个方向走，最后还是会回到出发的地方。为了证实这种说法，他做了一次试验，从比塞尔村向北走，结果三天半就走了回来。

比塞尔人为什么走不出来呢？肯·莱文非常纳闷儿，最后他只得雇一个比塞尔人，让他带路，看看到底是怎么回事。他们带了半个月的水，牵了两峰骆驼，肯·莱文收起指南针等现代设备，只拄一根木棍跟在后面。

10 天过去了，他们走了大约 1000 千米的路程，第 11 天早晨，果然又回到了比塞尔。

这一次肯·莱文终于明白了，比塞尔人之所以走不出大漠，是因为他们根本就不认识北斗星。在一望无际的沙漠里，一个人如果凭着感觉往前走，他会走出许多大小不一的圆圈，最后的足迹十有八九是一把卷尺的形状：比塞尔村处在浩瀚的沙漠中间，方圆上千公里没有一点儿参照物，若不认识北斗星又没有指南针，想走出沙漠，确实是不可能的。

肯·莱文在离开比塞尔时，带了一位叫阿古特尔的青年，就是上次和他合作的人。他告诉这位汉子，只要你白天休息，夜晚朝着北面那颗星走，就能走出沙漠。阿古特尔照着去做了，三天之后果然来到了大漠的边缘。阿古特尔因此成为比塞尔的开拓者，他的铜像被竖在小城的中央。铜像的底座上刻着一行字：新生活是从选定方向开始的。

一个辉煌的人生在很大程度上取决于人生的方向，个人的幸福生活也离不开方向的指引。确立人生的方向是人一生中最值得认真去做的事情。你不仅要自我反省、向人请教“我是什么样的人”，还要很清楚地知道“我究竟需要什么”，包括想成就什么样的事业，结交什么样的朋友，培养和保留什么样的兴趣爱好，过一种什么样的生活。这些选择是相对独立的，却是在一个系统内的，彼此是呼应的，从而共同形成人生的方向。

闻名于世的摩西奶奶是美国弗吉尼亚州的一位农妇，76 岁时因关节炎放弃农活，这时她又给了自己一个新的人生方向，开始了她梦寐以求的绘画。80 岁时，到纽约举办个人画展，引起了意外的轰动。她活了 101 岁，一生留下绘画作品 600 余幅，在生命的最后一年还画了 40 多幅。

不仅如此，摩西奶奶的行动也影响到了日本大作家渡边淳一。渡边淳一从小就喜欢文学，可是大学毕业后，他一直在一家医院里工作，这让他感到很别扭。马上就 30 岁了，他不知该不该放弃那份令人讨厌却收入稳定的工作，以便从事自己喜欢的写作。于是他给闻名已久的摩西奶奶写了一封信，希望得到她的指点。摩西奶奶很感兴趣，当即给他寄了一张明信片，她在上面写了这么一句话：“做你喜欢做的事，上帝会高兴地帮你打开成功之门，哪怕你现在已经 80 岁了。”

人生是一段旅程，方向很重要，每个人都可以掌握自己人生的航向。找到人生方向的人是最快乐的人，他们在每天的生活中体验快乐，追求一种能令他们愉悦和满意的生活，他们的生活与他们所向往的人生方向相一致，对人生方向的追求使他们的生命更加有意义。

人生的方向也是人生的哲学。在追求自己人生方向的过程中，应不断地做出总结，这并不是说你正处于一个人生的危急关头，不得不在你未来的目标和你的职业道路之间做出一个选择，而是从一开始就给自己选定人生的方向，这才是最关键的人生问题。

第三章
等来的是失望，拼出来的才是成功

临渊羡鱼，不如退而结网。与其羡慕幻想，不如马上行动。有条件不做等于没有条件，没有条件可以在做的过程中创造条件。想法只有化作行动，才有达成愿望的可能，否则想法永远是想法。想到了就去做，人的潜能是无法预测的。人生就是这样，再美好的梦想，离开了行动就会变成空想；再完美的计划，离开了行动也会失去意义。我们要实现自己的理想，就应当注重行动，在行动中实现自己的梦想。

等待不如行动

临渊羡鱼，不如退而结网。与其羡慕幻想，不如马上行动。有条件不做等于没有条件，没有条件可以在做的过程中创造条件。想法只有化作行动，才有达成愿望的可能，否则想法永远是想法。

想到了就去做，人的潜能是无法预测的。只要有了好的想法，然后立即行动，相信谁都可以成功，关键看你是否将想法付诸行动，是否能走出空想阶段。

从前有两个和尚，一个很有钱，每天过着舒舒服服的日子；另一个很穷，每天除了念经时间，就得到外面去化缘，日子过得非常清苦。

有一天，穷和尚对有钱的和尚说："我很想去拜佛，求取佛经，你看如何啊？"

有钱的和尚说："路途那么遥远，你怎么去？"

穷和尚说："我只要一个钵、一个水瓶、两条腿就够了。"

有钱的和尚听了哈哈大笑，对穷和尚说："我也想去，并且想了好几年，一直没成行的原因就是旅费不够。我的条件比你好，我都去不成，你又怎么去得了？"

然而，过了一年，穷和尚平安回来了，还带了一本佛经送给了有钱的和尚。有钱的和尚看他果真实现了愿望，惭愧得面红耳赤，一句话也说不出来。

我们并不能在行动之前把所有可能遇到的问题统统消除，但是我们可以在行动中克服各种困难。正因为有不少人总想着等到有 100% 把握了才行动，反而陷入了行动前的永远等待中。有的人甚至连一个小小的愿望都要等到所有条件都满足后才开始行动。你不可能等到所有条件都成熟后再行动。如果是那样，恐怕也就错过最佳的时机了。

正因为如此，很多人一辈子干不成一件事情，永远处于等待中。只有那些想到就马上动起来的人，才是真正能改变现状的人。

"想到就去做。"这好像是一句广告词。说起来，人人皆知，可又有几个人能真的"想到就去做"呢？

美国成功学家格林演讲时，曾不止一次地对听众开玩笑说，全球最大的航空速递公司——联邦快递其实是他构想的。

格林没说假话，他的确曾有过这个主意。20 世纪 60 年代格林刚刚起步，在全美为公司做中介工作，每天都在为如何将文件在限定时间内送往其他城市而苦恼。

当时，格林曾经想到，如果有人开办一个能够将重要文件在 24 小时之内送到任何目的地的服务公司，该有多好！

这想法在他脑海中停留了好几年，他也经常和人谈起这个构想，遗憾的是，他没有采取行动，直到一个名叫弗列德·史密斯的人（联邦快递的创始人）真的把它变为实际行动。从而，格林也就与开创事业的大好机会擦身而过了。

成功地将一个好主意付诸实践，比在家里空想出 1000 个好主意要有价值得多。没有行动，再远大的目标只是目标，再完美的设想也仅仅是设想，要想使其变为现实，必须付出行动。

可见，行动才是最终决定力量，无论你的计划多么详尽、语言多么动听，你不开始行动，就永远无法达到目标。在一生中，我们有着种种计划，若能够将一切憧憬都抓住，将一切计划都执行，那么，事业上所取得的成就将是多么伟大！

行动能让梦想变为现实

有些人打牌，总想着等到合适的时候再出好牌，却发现与事实屡屡不符，等到别人都出完手中的牌了，才发现自己的好牌还攥在手里，没派上用场。

一位成功学大师这样评价行动和知识：行动才是力量，知识只是潜在的能量；不积极行动，知识将毫无用处。要克服任何障碍，就离不开行动，只有行动才能够让梦想变为现实。

从前，有两个朋友，相伴一起去遥远的地方寻找人生的幸福和快乐，一路上风餐露宿，在即将到达目的地的时候，遇到了一条风急浪高的大河，而河的彼岸就是幸福和快乐的天堂。

关于如何渡过这条河，两个人产生了不同的意见，一个建议采伐附近的树木造成一条木船渡过河去，另一个则认为无论哪种办法都不可能渡得过这条河，与其自寻烦恼，不如等这条河流干了，再轻轻松松地过去。

于是，建议造船的人每天砍伐树木，辛苦而积极地制造船只，并顺带着学游泳，而另一个则每天躺着休息睡觉，然后到河边观察河水流干了没有。直到有一天，已经造好船的那个人准备扬帆的时候，另一个人还在讥笑他愚蠢。

不过，造船的人并不生气，临走前只对他的朋友说了一句话：“做一件事不一定能成功，但不去做则一定没有机会成功！”

想到等到河水流干了再过河，这确实是一个“伟大”的创意，可惜的是，这仅仅是个注定永远失败的“伟大”创意而已。

这条大河终究没有干枯掉，而那个造船的朋友经过一番风浪最终到达了彼岸。

只有行动才会产生结果，行动是成功的保证。任何伟大的目标、伟大的计划，最终必然要落实到行动上。不肯行动的人只是在做白日梦，这种人不是懒汉就是懦夫，他们终将一事无成。

古希腊格言讲得好：“要种树，最好的时间是10年前，其次是现在。”同样，要成为赢家，最好的时间是3年前，其次是现在。

要成为人生的赢家，就应该尽早地迈出自己的第一步。

20世纪70年代的一天，史蒂芬·乔布斯和史蒂芬·沃兹尼亚克卖掉了一辆老掉牙的大众牌汽车，得到了1500美元。对于史蒂芬·乔布斯和史蒂芬·沃兹尼亚克这两个正准备开一家公司的人来说，这点钱甚至无法支付办公室的租金，而且他们所要面对的竞争对手是国际商业机器公司——一个财大气粗的巨无霸。

租不起办公室，他们就在一个车库里安营扎寨。然而正是在这样一个条件极差的车库里，苹果电脑诞生了，一个电脑业的巨子迈出了第一步。也正是这个从车库诞生的苹果电脑，成功地从IBM手里抢走了荣耀和财富。如果当初这两位青年因为怕遇到很多的困难而不动手行动的话，那么恐怕就没有今天的苹果电脑了。

而惠普电脑的诞生与苹果电脑的诞生如出一辙。1938年，两位斯坦福大学的毕业生惠尔特和普克德，在寻找工作的过程中尝尽了求助他人谋生的艰辛，同时他们还看到了许多人因为找不到工作而陷入困境的惨状，于是他们决定摆脱受雇于人的想法，合伙开创自己的事业。两个一无所有的穷光蛋，总共才凑了538美元，他们有的只是想法和决心。但是，他们并没有停止或等待，在加州的一间车库里，他们办起了一家公司——惠普公司。经过艰苦创业，惠普公司现在成为全球最重要的电子元器件、配套设备供应商之一，总资产达300多亿美元。

可能每个人都会有很多的想法，有不少的想法甚至可以说是绝妙的。但是假若这些想法不付诸实践，那它们永远也只是空想。不论你自己想得有多美，重要的是去做！没有人会嘲笑一个学步的婴儿，尽管他的步子趔趄，姿势难看，有时还会摔倒。

我们之所以难以将想法付诸实践，是因为当我们每一次准备搏一搏时，总有一些意外事件使我们停止，例如资金不够、经济不景气、新婴儿的诞生、对目前工作的一时留恋等种种限制以及许许多多的借口，这些都成为我们拖拖拉拉的理由。我们总是想等一切都十全十美的时候再行动，但事实总会和愿望不太相符，于是我们的计划不会有开始动手的那一天，只是空想。

面对人生的众多机遇，我们看见了，也心动了，但是自己却因为各种原因或者不敢而没有付诸行动，眼看着机会从自己的身边溜走，到头来只能恨自己没有胆量。

安妮是一个可爱的小姑娘，可她有一个坏习惯，那就是她每做一件事，总爱让计划停留在口头上，而不是马上行动。

和安妮住在同一个村子里的詹姆森先生有一家水果店，出售本地产的草莓之类的水果。一天，詹姆森先生对来到店里买东西的安妮说："你想挣点钱吗？"

“当然想。”她很不好意思地回答，“我一直想买一双新鞋，可家里买不起。”

“好的，安妮。”詹姆森先生说，“隔壁卡尔森太太家的牧场里有很多长势很好的黑草莓，他们允许所有人去摘。你摘了以后把它们都卖给我，1 斤我给你 13 美分。”

安妮听到可以挣钱，非常高兴。于是她迅速跑回家，拿上一个篮子，准备马上就去摘草莓。但这时她不由自主地想到，要先算一下采 5 斤草莓可以挣多少钱。于是她拿出一支笔和一块小木板计算起来，计算的结果是 65 美分。

“要是能采 12 斤呢？那我又能赚多少呢？”

“上帝呀！”她得出答案，“我能得到 1 美元 56 美分呢！”

安妮接着算下去，要是她采了 50、100、200 斤，詹姆森先生会给她多少钱。她兴奋地算来算去，已经到了中午吃饭的时间，她只得下午再去采草莓了。

安妮吃过午饭后，急急忙忙地拿起篮子向牧场赶去。而许多男孩子在午饭前就赶到了那儿，他们把好的草莓都摘光了。可怜的小安妮最终只采到了 1 斤草莓。

回家途中，安妮想起了老师常说的话：“办事得尽早着手，干完后再去想，因为一个实干者胜过 100 个空想家。”

成功在于计划，更在于行动。目标再大，如果不去落实，永远只能是空想。所以当你心动的时候，就应当尽快地将它付诸行动，这样才能够更好地把握住机遇。

在一次行动力研习会上，培训师说：“现在我请各位一起来做一个游戏，大家必须用心投入，并且采取行动。”他从钱包里掏出一张面值 100 元的人民币，他说：“现在有谁愿意拿 50 元来换这张100元的人民币?”他说了几次，都没有人行动，最后终于有一个人走向讲台，但他仍然用一种怀疑的眼光看着培训师和那一张人民币，不敢行动。那位培训师提醒说：“要配合，要参与，要行动。”那个人才采取行动，换回了那100元，那位勇敢的参与者立刻赚了50元。最后，培训师说：“凡事马上行动，立刻行动，你的人生才会不一样。”

现实生活中，我们往往在心动的时候会考虑很多因素，会想这能实现吗?会想到诸多的困难阻挠，会想到自己力量的薄弱等。但是为什么不去试试呢?没准儿一试就成功了呢。很多时候，我们缺少的是将心动变成行动的胆量。

人生就是这样，再美好的梦想，离开了行动就会变成空想；再完美的计划，离开了行动也会失去意义。我们要实现自己的理想，就应当注重行动，在行动中实现自己的梦想。

你可能曾经看过某些人在人生旅程的尽头时，回顾一生时说：“如果我能有不同的做法……如果我能在机会降临时好好地利用……”这些未能得到满足的生命，只是充塞着数不清的“如果……”他们的生命在真正起步之前就已经结束了。

只有行动才能让计划成为现实，这是千年不变的真理。如果你想改变你的现状，那就赶快行动吧!

随时为机遇做好热身

许多人只是坐等机会，希望好运从天而降，这些人往往难成大事。成功者积极准备，一旦机会降临，便能牢牢地把握。机遇对于每个人来说，没有彩排，只有直播，你没有把握住的话，只能看着它溜走。

当机遇到来时，如果你没有提前为机会做好准备，就会将它习惯性地丢掉，与它失之交臂。这样说来，其实生活中不是机遇少，只是我们没有抓住。

这就和许多发明创造一样，看起来是偶然，其实那些发现和发明并非偶然得来的，更不是什么灵机一动或运气极佳。事实上，在大多数情形下，这些在常人看来纯属偶然的事件，不过是从事该项研究的人长期苦思冥想的结果。

人们常常用苹果砸在牛顿的脑袋上，让他发现万有引力定律这一例子，来说明纯粹偶然事件在发现中的巨大作用。但人们却忽视了，多年来，牛顿一直处在为重力问题苦苦思索、研究这一现象的艰辛过程中。苹果落地这一常见的日常生活现象之所以为常人所不在意而能激起牛顿对重力问题的理解，能激起他灵感的火花并进一步做出异常深刻的解释，是因为牛顿对重力问题有着深刻的理解的结果，并不是单纯依赖于偶然。生活中，成千上万个苹果从树上掉下来，却很少有人能像牛顿那样引发出深刻的定律来。

同样，从普通烟斗里冒出来的五光十色像肥皂泡一样的小泡泡，这在常人眼里就跟空气一样普通，但正是这一现象使杨格博士创立了著名的光干扰原理，并由此发现了光衍射现象。

人们总认为伟大的发明家总是论及一些十分伟大的事件或奥秘，其实像牛顿和杨格以及其他许多科学家，他们都是研究一些极普通的现象。他们的过人之处在于能从这些人所共见的普遍现象中揭示其内在的、本质的联系，而这些都是凭着他们的全力以赴钻研得来的。只有这样为机遇做好了充分的准备，才能发现机遇，进而更好地抓住机遇。

所罗门说过：“智者的眼睛长在头上，而愚者的眼睛是长在脊背上的。”心灵比眼睛看到的东西更多。有些人走上成功之路，与机遇也有一定关系。然而就他们本身来说，他们确实具备了获得成功机遇的才能，所以在机遇到来时才能抓住。

好运气更偏爱那些努力工作的人。没有充分的准备和大量的汗水，机会就会从身边溜走。对于机遇，它意味着忍受艰苦和穷困，以及献身工作的漫漫长夜。只有为所从事的工作有充分的准备时，机会才会来临。

拿破仑·希尔说过，任何人只要能够定下一个明确的目标，坚守这个目标，时时刻刻把这个目标记在心中，再坚持行动，那么，必然会获得意想不到的结果。

在日常生活中，常常会发生各种事，有些事使人大吃一惊，有些事却毫无惊人之处。一般而言，使人大吃一惊的事会使人倍加关注，而平淡无奇的事往往不被人所注意，但它却可能包含着重要的意义。一个有敏锐洞察力的人，独具慧眼，留心周围小事。人们也不能把目光完全局限于“小事”上，而是要“小中见大”“见微知著”。只有这样，才能发现更多机遇。

我们应当随时为机遇做好热身，努力向自己的目标奋斗，为目标准备，才能够在机会来临的时候大显身手，否则在机会来临的时候自己手忙脚乱，或者不知所措，只能让机会白白地从身边溜走。人不能躺在那里等待机遇，只有事先做好充分的准备，在机遇来临时才有可能抓住机遇，获得成功。

吃得苦中苦，方为人上人

可以这样说，人生的痛苦永远多于快乐。一个人的降生就意味着痛苦的开始，而一个人生命的结束，则是痛苦的终结。人的一生，就是不断地与痛苦抗争的过程。人生的意义，就在于从与痛苦的抗争中寻找欢乐。

现在，很多人活得很累，过得也不快乐。其实，人只要生活在这个世界上，就会有很多烦恼。痛苦或是快乐，取决于你的内心。人不是战胜痛苦的强者，便是屈服于痛苦的弱者。再重的担子，笑着也是挑，哭着也是挑。再不顺的生活，微笑着撑过去了，就是胜利。

人生没有痛苦，就会不堪一击。正是因为有痛苦，所以成功才那么美丽动人；因为有灾患，所以欢乐才那么令人喜悦；因为有饥饿，所以佳肴才让人觉得那么甜美。正是因为有痛苦的存在，才能激发我们的力量，使我们的意志更加坚强。

瓜熟才能蒂落，水到才能渠成。和飞蛾一样，人的成长必须经历痛苦挣扎，直到双翅强壮后，才可以振翅高飞。

人生若没有苦难，我们会骄傲；没有挫折，成功不再有喜悦，更得不到成就感；没有沧桑，我们不会有同情心。因此，不要幻想生活总是那么圆满，生活的四季不可能只有春天。每个人的一生都注定要跋涉沟沟坎坎，品尝苦涩与无奈，经历挫折和失意。对于每个人来说，痛苦都是人生必须经历的一课。

因此，在漫长的人生旅途中，苦难并不可怕，受挫折也无须忧伤。只要心中的信念没有萎缩，你的人生旅途就不会中断。艰难险阻是人生对你的另一种形式的馈赠，坑坑洼洼也是对你的意志的磨炼和考验——大海如果缺少了汹涌的巨浪，就会失去其雄浑；沙漠如果缺少了狂舞的飞沙，就会失去其壮观；如果维纳斯没有断臂，那么就不会因为残缺美而闻名天下。生活如果都是两点一线般地顺利，就会如白开水一样平淡无味。只有酸甜苦辣咸五味俱全才是生活的全部，只有悲喜哀痛七情六欲全部经历才算是完整的人生……

所以，你要从现在开始，微笑着面对生活，不要抱怨生活给了你太多的磨难，不要抱怨生活中有太多的曲折，更不要抱怨生活中存在的不公。当你走过世间的繁华与喧嚣，阅尽世事，你会明白：痛苦，是人生必须经历的过程！

欲望是开拓命运的力量

心界决定一个人的世界。只有渴望成功，你才能有成功的机会。

《庄子》开篇的文章是“小大之辩”。说北方有一个大海，海中有一条叫作鲲的大鱼，宽几千里，没有人知道它有多长。鲲化为鸟叫作鹏。它的背像泰山，翅膀像天边的云，飞起来，乘风直上九万里的高空，超绝云气，背负青天，飞往南海。

蝉和斑鸠讥笑说：“我们愿意飞的时候就飞，碰到松树、檀树就停在上边；有时力气不够，飞不到树上，就落在地上，何必要高飞九万里，又何必飞到那遥远的南海呢？”

那些心中有着远大理想的人常常不能为常人所理解，就像目光短浅的麻雀无法理解大鹏鸟的志向，更无法想象大鹏鸟靠什么飞往遥远的南海。因而，像大鹏鸟这样的人必定要比常人忍受更多的艰难曲折，忍受心灵上的寂寞与孤独。因而，他们必须坚强，把这种坚强潜移到远大志向中去，这就铸成了坚强的信念。这些信念熔铸而成的理想将带给大鹏伟大的心灵，而成功者正脱胎于这伟大的心灵。

本·侯根是世界上最伟大的高尔夫选手之一。他并没有其他选手那么好的体能，能力上也有一点缺陷，但他在坚毅、决心，特别是追求成功的愿望方面比其他人都强烈。

本·侯根在玩高尔夫球的巅峰时期，不幸遭遇了一场灾难。在一个有雾的早晨，他跟太太维拉丽开车行驶在公路上，当他在一个拐弯处掉头时，突然看到一辆巴士的车灯。本·侯根想这下可惨了，他本能地把身体挡在太太面前保护她。这个举动反而救了他，因为方向盘深深地嵌入了驾驶座。事后他昏迷不醒，过了好几天才脱离险境。医生们认为他的高尔夫生涯从此结束了，甚至断定他若能站起来走路就很幸运了。

但是他们并未将本·侯根的意志与需要考虑进去。他刚能站起来走几步，就渴望恢复健康再上球场。他不停地练习，并增强臂力。起初他还站得不稳，再次回到球场时，也只能在高尔夫球场蹒跚而行。后来他稍微能工作、走路，就走到高尔夫球场练习。开始只打几球，但是他每次去都比上一次多打几球。最后，当他重新参加比赛时，名次上升得很快。

理由很简单，他有必赢的强烈愿望，他知道他会回到高手之列。是的，普通人跟成功者的差别就在于有无这种强烈的成功愿望。

成功学大师卡耐基曾说：“欲望是开拓命运的力量，有了强烈的欲望，就容易成功。”因为成功是努力的结果，而努力又大都产生于强烈的欲望。正因为这样，强烈的创富欲望，便成了成功创富最基本的条件。如果你不想再过贫穷的日子，就要有创富的欲望，并让这种欲望时时刻刻激励你，让你向着这一目标坚持不懈地前进。许多成功者有一个共同的体会，那就是创富的欲望是创造和拥有财富的源泉。

20世纪人类的一项重大发现，就是认识到思想能够控制行动。你怎样思考，你就会怎样去行动。你要是强烈渴望致富，你就会调动自己的一切能量去创富，使自己的一切行动、情感、个性、才能与创富的欲望相吻合。

对于一些与创富的欲望相冲突的东西，你会竭尽全力去克服；对于有助于创富的东西，你会竭尽全力地去扶植。这样，经过长期努力，你便会成为一个富有者，使创富的愿望变成现实；相反，你要是创富的愿望不强烈，一遇到挫折，便会偃旗息鼓，将创富的愿望压抑下去，那么，你就不会成为一个富有者。

保持一颗渴望成功的心，你就能获得成功。

等待就意味着“放弃”

令人筋疲力尽的并不是要做的事本身，而是事前事后患得患失的心态。一个失败者的最大特征就是顾虑再三，犹豫不决。

伟大的作家雨果说过：“最擅长偷时间的小偷就是‘迟疑’，它还会偷去你口袋中的金钱和成功。”虽然我们没有100%的把握保证每一次决定都能获得成功，但是现实的情况就是等待不如决断。所以，在机会转瞬即逝的当代社会，等待就意味着“放弃”，成功者宁愿“立即失败”，也不愿犹豫不决。SAP 公司的 CEO 普拉特纳曾经说过这么一句话：“我宁可做 6 个正确决定和 4 个错误决定，也不要犹豫等待。”

当恺撒大帝来到意大利的边境卢比孔河时，看似神圣而不可侵犯的卢比孔河使他的信心有所动摇。他想到，如果没有参议院的批准，任何一名将军都不允许侵略一个国家。此时他的选择只有两种——“要么毁灭我自己，要么毁灭我的国家”，最后他毅然做出决定，喊着：“不要惧怕死亡！”带头跳入了卢比孔河。就是因为这一决定，世界历史随之改变。

所以，获得成功的最有力的办法，是迅速做出决定。排除一切干扰因素，一旦做出决定，就不要再犹豫不决，以免我们的决定受到影响，有的时候犹豫就意味着失去。

古希腊有一位哲学家，饱读诗书，富有才情，很多女人都迷恋他。一天，一个女子来敲他的门，说：“让我做你的妻子吧！错过我，你将再也找不到比我更爱你的女人了！”哲学家虽然也很喜欢她，却回答说：“让我考虑考虑！”

哲学家犹豫了很久，终于下定决心娶那位女子。哲学家来到女人的家中，问女人的父亲：“你的女儿呢？请你告诉她，我考虑清楚了，我决定娶她为妻！”女人的父亲冷漠地回答：“你来晚了 10 年，我女儿现在已经是 3 个孩子的妈妈了！”

哲学家听了，几乎崩溃。后来，哲学家忧郁成疾。临终，他将自己所有的著作丢入火堆，只留下一句对人生的批注——下一次，我决不犹豫！

所以，面对选择，一定要迅速做出决断，哪怕做出错误的选择也好过犹犹豫豫。因为，机会一旦错过了，是不会再有的。

有一个小男孩，一天在外面玩耍时，发现一只不会飞的小麻雀，决定把小麻雀带回家喂养，于是他想了想，决定先去找爸爸。

爸爸一听就同意了，可是等小男孩回来的时候，一只黑猫正好把地上的麻雀叼走吃了。小男孩伤心不已，暗暗下定决心：只要是自己认定的事情，决不优柔寡断。后来这位小男孩成了电脑名人，他就是王安博士。

人生的道路上，许多机会都是转瞬即逝的。机会不会等人，如果犹豫不决，很可能会失去很多成功的机遇。

犹豫拖延的人没有必胜的信念，也不会有人信任他们。果断积极的人就不一样，他们是世界的主宰。古今中外，能成大事者都是当机立断之人，他们快速做出决定，并迅速执行。

在确定圣彼得堡和莫斯科之间的铁路线时，总工程师尼古拉斯拿出了一把尺子，在起点和终点之间画了一条直线，然后用不容辩驳的语气斩钉截铁地宣布："你们必须这样铺设铁路。"于是，铁路线就这样轻而易举地确定了。

纵观历史，成功者比别人果断，比别人迅速，较别人敢于冒险。因此，能把握更多的机会，所以往往成为成功者。实际上，一个人如果总是优柔寡断，犹豫不决，或者总在毫无意义地思考自己的选择，一旦有了新的情况就轻易改变自己的决定，这样的人成就不了任何事，只能羡慕别人的成功，在后悔中度过一生！

纵使平凡，也不要平庸

平凡与平庸是两种截然不同的生活状态：前者如一颗使用中的螺丝钉，虽不起眼，却真真切切地发挥作用，实现价值；后者就像废弃的钉子，身处运转的机器之外，无心也无力参与机器的运转。

平凡者纵使渺小却挖掘着自己生命的全部能量，平庸者却甘居无人发现的角落不肯露头。虽无惊天伟绩但物尽其用、人尽其能，这叫平凡；有能力发挥却自掩才华，自甘埋没，这叫平庸。

世间生命多种多样，有天上飞的，有水中游的，有陆上爬的，有山中走的；所有生命，都在时间与空间之流中兜兜转转。生命，总以其多彩多姿的形态展现着各自的意义和价值。

“生命的价值，是以一己之生命，带动无限生命的奋起、活跃。”智慧禅光在众生头顶照耀，生命在闪光中见出灿烂，在平凡中见出真实。所以，所有的生命都应该得到祝福。

“若生命是一朵花就应自然地开放，散发一缕芬芳于人间；若生命是一棵草就应自然地生长，不因是一棵草而自卑自叹；若生命好比一只蝶，何不翩翩飞舞？”芸芸众生，既不是翻江倒海的蛟龙，也不是称霸林中的雄狮，我们在苦海里颠簸，在丛林中避险，平凡得像是海中的一滴水、林中的一片叶。海滩上，这一粒沙与那一粒沙的区别你能看出？旷野里，这一堆黄土和那一堆黄土的差异你是否能道明？

每个生命都很平凡，但每个生命都不卑微，所以，真正的智者不会让自己的生命陨落在无休无止的自怨自艾中，也不会甘于身心的平庸。

你可见过在悬崖峭壁上卓然屹立的松树？它深深地扎根于岩缝之中，努力舒展着自己的躯干，任凭阳光暴晒，风吹雨打，在残酷的环境中它始终保持着昂扬的斗志和积极的姿态。或许，它很平凡，只是一棵树而已，但是它并不平庸，它努力地保持着自己生命的傲然姿态。

每个生命都不卑微，都是大千世界中不可或缺的一环，都在自己的位置上发挥着作用。

一只老鼠掉进了一只桶里，怎么也出不来。老鼠吱吱地叫着，它发出了哀鸣，可是谁也听不见。可怜的老鼠心想，这只桶大概就是自己的坟墓了。正在这时，一只大象经过桶边，用鼻子把老鼠吊了出来。

“谢谢你，大象。你救了我的命，我希望能报答你。”

大象笑着说：“你准备怎么报答我呢？你不过是一只小小的老鼠。”

过了一些日子，大象不幸被猎人捉住了。猎人用绳子把大象捆了起来，准备等天亮后运走。大象伤心地躺在地上，无论怎么挣扎，也无法把绳子扯断。

突然，小老鼠出现了。它不停地咬绳子，终于在天亮前咬断了绳子，替大象松了绑。

大象感激地说：“谢谢你救了我的命！你真的很强大！”

“不，其实我只是一只小小的老鼠。”小老鼠平静地回答。

每个生命都有自己绽放光彩的一瞬，即使一只小小的老鼠，也能够拯救比自己体形大很多的巨象。故事中的这只老鼠正是星云大师所说的“有道者”，一个真正有道的人，即使别人看不起他，把他看成是卑贱的人，他也不受影响，因为他知道自己的人格、道德，不一定要求别人来了解、来重视。他依然会在自我的生命之旅中将智慧的种子撒播到世间各处。

有人说：“平凡的人虽然不一定能成就一番惊天动地的大事业，但对他自己而言，能在生命过程中把自己点燃，即使自己是根小火柴，只能发出微微火光也就够了；平庸的人也许是一大捆火药，但他没有找到自己的引线，在忙忙碌碌中消沉下去，变成了一堆哑药。”

也许你只是一朵残缺的花，只是一片熬过旱季的叶子，或是一张简单的纸、一块无奇的布，也许你只是时间长河中一个匆匆的过客，不会吸引人们半点的目光和惊叹，但只要你拥有积极的心态，并将自己的长处发挥到极致，就会成为成功驾驭生活的勇士。

不要把昨天的事拖延到今天

你打算什么时候开始完成手头上的项目？你在等什么，是在等待别人的帮助还是等待问题消失？明明已经有了计划，但不去执行，问题仍在等着你，而那些同时起步的人已经解决了问题，开始了下一步计划。

不拖延的人都是具有高效执行力的人，他们会想尽办法迅速完成任务。“最理想的状态是任务在昨天完成。”对于应该迅速完成的事，要在第一时间内进行处理，争取让工作早点瓜熟蒂落，让自己放心。

千万不要把昨天就能完成的工作拖到今天，把今天能完成的工作拖到明天。

比尔·盖茨说："过去，只有适者能够生存；今天，只有最快处理完事务的人能够生存。"对于一名决不拖延的行动者来说，"马上就办"是唯一的选择。

李·雷蒙德是工业史上绝顶聪明的CEO之一，是洛克菲勒之后最成功的石油公司总裁——他带领埃克森·美孚石油公司继续保持着全球知名公司的美誉。

有一次，李·雷蒙德和他的一位副手到公司各部门巡视工作。到达休斯敦一个区加油站的时候，李·雷蒙德看见油价告示牌上公布的还是昨天的数字，并没有按照总部指令将每加仑油价下调5美分，他十分恼火。

李·雷蒙德立即让助理找来了加油站的主管约翰逊，远远地望见这位主管，他就指着报价牌大声说道："先生，你大概还熟睡在昨天的梦里吧！因为我们收取的单价比我们公布的单价高出了5美分，我们的客户完全可以在休斯敦的很多场合，贬损我们的管理水平，并使我们的公司成为笑柄。"

意识到问题的严重性，约翰逊连忙说道："是的，我立刻去办。"

看见告示牌上的油价得到更正以后，李·雷蒙德面带微笑说："如果我告诉你，你腰间的皮带断了，而你却不立刻去更换它或者修理它，那么，当众出丑的只有你自己。"

也许加油站的主管约翰逊认为，当天的油价只要在当天换也来得及。但是商业环境的竞争节奏快得令人眼花缭乱，我们所应该做的就是"决不拖延"。

以最快的速度去开始一项工作是保持恒久竞争力不可缺少的因素，也是唯一不会过时的职场本领。在人才竞争激烈的公司里，要让自己保持稳定甚至常胜的优势，就必须奉行“决不拖延”的工作理念。

世界上有90%的人都因拖延而一事无成。不提出任何问题，不表示任何困难，以最快的时间，用最好的质量，马上就办，这才是最优秀的人应该做的。

第四章

只要有勇气，命运就会改变

优秀的人需要勇气，需要胆识，需要气魄，需要开拓进取，去做别人不敢做的事。这是一种大智大勇，有了它我们才可以力挽狂澜。正如歌德所说：你若失去了财产，你只失去了一点；你若失去了荣誉，你就丢掉了许多；你若失掉了勇敢，你就把一切都失掉了！如果你想得到，一定具有勇敢地面对困难的态度。狭路相逢勇者胜，为了胜利一定要保持勇敢。

不怕负重，更要进取

遭遇苦难，肩挑重担时，不妨自豪地说一句：上帝把沉重的十字架挂在我的脖子上，那是因为我驮得动！让生命负重，其实就是让人在压力下得到锻炼，增长才干。就像船，没有负重的船会被大浪掀翻；就像心灵，没有思想的心灵会飘浮如云。

有两名大学生，毕业后进了同一家公司。大学生甲出身农村，为人老实而踏实；大学生乙自幼在城市长大，为人圆滑，善搞人际关系。刚开始，两人分别干着分配给自己的那份工作，都干得很卖劲，也干得很不错。不久，大学生甲发现主任竟把一些本属于乙的工作分给自己做，自己每天忙得像个陀螺转个不停，而乙却无所事事。后来听别人说乙的父亲同办公室主任关系密切。他虽心里不快，但想了想最终忍气吞声，继续干着。

但到后来，事情越来越出格，甲每天要干的事越来越多，几乎把乙的工作全做了，每天要加班到很晚，而乙却到办公室报个到就走了。甲觉得自己像一头老黄牛，背负的东西越来越沉，他终于忍无可忍，请了假回到乡下，准备辞职外出闯天下。乡下的父亲听了儿子的诉苦，反而高兴地说："真的，你一个人能把两个人干的事都给做了？"

"整天累得要死，工资又不多拿一分，有啥可高兴的？"甲没好气地说。

父亲没有说话，随手拿了两张纸，使劲扔出一张，那纸飘飘摇摇落在跟前，然后老父亲又从地上捡了一块石头包进另一张纸里，随手一扔就扔出很远。“孩子，你看石头沉吗？可加了石头的那张纸却扔得远。年轻人多做些事，肩上压重点儿的担子，能锻炼人，是好事！”

听了父亲的话，甲大为振奋，回公司仍干着原来的工作，而且更加积极、主动。

一年之后，部门进行优化组合，甲荣升办公室主任，而乙却下岗了。

生活中人们往往容易陷入一个误区：盲目地羡慕轻松、舒适没有压力却有着高回报的工作，可是市场经济时代还有这种工作吗？也有人希望自己的一生轻松自在、愉快无忧，没有痛苦和磨难，甚至连困难也没有，可是又有谁会有这样的“幸运”呢？难道没有压力和困难的人生就是幸运的吗？

有这样一则寓言：

有两艘新造的船准备出海，一艘船上装了很多货物，另一艘船却什么也不肯装。什么也没装的船对装满货物的船说：“老兄，你可真傻，装那么多东西压得多难受呀，你看我一身轻松，多自在啊！”

装满货物的船说：“船本来就是要装货的，什么也不装，那还叫船吗？”

出海的时间到了，它们都开始了自己的行程。刚开始，海上风平浪静，那艘空船得意扬扬地行驶在前面，它一再嘲笑后面那艘船的笨重。不久，大海上起了风浪。风越刮越猛，浪越来越高。装满货物的船因为重心很稳，仍平稳地在风浪中穿行。而那艘空船却被大浪掀翻，沉入海底。

其实，人的一生要负载很多东西，比如苦难，比如沉重的生活和繁重的工作。谁也不知道自己哪天会面临哪些沉重的东西，并把这些东西扛在肩上风雨兼程地向前赶路。如果有些东西注定是我们无法逃避、必须面对的，我们不妨以一种积极的态度去面对。人生什么时候起跑都不算晚，关键是不怕负重，更要进取。

要有勇敢面对困难的态度

19 世纪，在英国著名的公立学校——哈罗学校，常常会出现以强凌弱、以大欺小的事情。

有一天，一个强悍的高个子男生，拦在一个新生的面前，颐指气使地命令他替自己做事，新生初来乍到，不明白其中“原委”，断然拒绝。高个子恼羞成怒，一把揪住新生的领子，劈头盖脸地打起来，嘴里还骂骂咧咧：“你这小子，为了让你聪明点，我得好好开导你！”新生痛得龇牙咧嘴，却不肯乞怜告饶。

旁观的学生或者冷眼相看，或者起哄嬉笑，或者一走了之。只有一个外表文弱的男生，看着这欺凌的一幕，眼里渐渐涌出了泪水，终于忍不住嚷起来：“你到底还要打他几下才肯罢休！”

高个子朝那个又尖又细的抗议的声音望去，一看也是个瘦弱的新生，就恶狠狠地骂道：“你这个不知天高地厚的家伙，问这个干吗？”

那个新生用眼睛盯着他，毫不畏惧地回答：“不管你还要打几下，让我替他忍受一半的拳头吧。”

高个子听到这出人意料的回答，不禁怯懦地停住了手。

从这以后，学校里反抗恶行暴力的声音变得响亮，帮助弱者的善举也逐渐增多，两个新生也成了莫逆之交。那位被殴打的少年，深感爱与善的可贵，后来成为英国颇负盛名的大政治家罗伯特·比尔；挺身而出、愿为陌生弱者分担痛苦的，则是扬名全世界的大诗人拜伦。

人生途中，我们也需要像拜伦一样，在别人只是畏惧地逃避，或幸灾乐祸地观看时，能够拿出罕有的勇气，为了善，为了爱，也为启迪和震撼那些冷漠的心灵。

现实世界的很多事情都是勇气的较量，常常是勇者得胜。只有拥有一颗勇敢的心，我们才能发挥出超过平时双倍的力量，什么都不顾地冲向前方，甚至一鼓作气地到达终点。这就是人们在危急时刻才能爆发出巨大潜力的原因。

我国宋代柳宗元的《黔之驴》的故事是这样的：

贵州本没有驴，有个喜欢多事的人用船运一头驴来，运到之后却没有什么用途，就把它放在山脚下。一只老虎看到它是个形体高大、强壮的家伙，就把它当成神奇的东西了，隐藏在树林中偷偷观看。过了一会儿，老虎渐渐靠近它，小心翼翼，不知道它究竟是个什么东西。

有一天，驴大叫起来，老虎吓了一大跳，逃得远远的，认为驴子要咬自己，非常害怕。可是老虎来来回回地观察它，感到它没有什么特殊本领。渐渐听惯了它的叫声，又试探地靠近它，在它周围走动，但终究不敢向驴进攻。老虎又渐渐靠近驴子，进一步戏弄它，碰撞、倚靠、冲撞、冒犯它。驴禁不住发起怒来，用蹄子踢老虎。老虎因而很高兴，心里盘算着说：“它的本事不过如此！”于是跳起来大声吼着，咬断驴的喉咙，吃光它的肉，然后离开了。

如果故事中的老虎被驴的叫声吓跑，再也不敢接触它，那老虎就永远不能享受这顿美餐。

道理显而易见，面对对手一定要勇敢，你强他就弱，你弱他就强，很多时候，敌对双方的较量其实就是心理上的较量。缺乏勇敢永远不会有大的成就，勇敢面对你的对手，有时你会发现其实你并不懦弱，而且还会有超出你想象的强大力量。

正如歌德所说：你若失去了财产，你只失去了一点；你若失去了荣誉，你就丢掉了许多；你若失掉了勇敢，你就把一切都失掉了！如果你想得到，一定具有勇敢地面对困难的态度。狭路相逢勇者胜，为了胜利一定要保持勇敢。

用微小的勇气推开成功的大门

美国心理学家斯科特·派克说：不恐惧不等于有勇气；尽管害怕，尽管痛苦，但勇气使你还是继续向前走。在这个世界上，只要你真实地付出，就会发现许多门都是虚掩的！微小的勇气，能够完成无限的成就。

不卑不亢无论是对事还是对人都有一种极强的穿透力，如果你与生俱来就有这种品性，那么很值得恭贺；如果你还没有养成这种性格，那么尽快培养吧，人的生命很需要它！

有一个国王，他想委任一名官员担任一项重要的职务，就召集了许多威武有力和聪明过人的官员，想看看他们之中谁能胜任。

“聪明的人们，”国王说，“我有个问题，我想看看你们谁能解决它。”国王领着这些人来到一座大门——一座谁也没见过的很大的门前。国王说："你们看到的这座门是我国最大最重的门。你们之中有谁能把它打开?"许多大臣见了这门都摇了摇头，其他一些比较聪明一点的，也只是走近看了看，没敢去开这门。当这些人说打不开时，其他人也都随声附和。只有一位大臣，他走到大门处，用眼睛和手仔细检查了大门，用各种方法试着去打开它。最后，他抓住一条沉重的链子一拉，门竟然开了。其实大门并没有完全关死，而是留了一条缝，任何人只要仔细观察，再加上有胆量去开一下，都会把门打开的。国王对这位大臣说："你将要在朝廷中担任重要的职务，因为你不光限于你所见到的或所听到的，你还有勇气靠自己的力量冒险去试一试。"

史东是美国联合保险公司的主要股东和董事长，同时，也是另外两家公司的大股东和总裁。然而，他能白手起家，创出如此巨大的事业却是经历了无数次磨难的结果，或者我们可以这样说，史东的发迹史也是他勇气作用的结果。

在史东还是个孩子时，就为了生计到处贩卖报纸。有家餐馆把他赶出来好多次，他却一再地溜进去，并且手里拿着更多的报纸。那里的客人为其勇气所动，纷纷劝说餐馆老板不要再把他赶出去，并且都掏钱买他的报纸。

史东一而再，再而三地被老板踢出餐馆，屁股虽然被踢痛了，但他的口袋里却装满了钱。

史东常常陷入沉思："哪一点我做对了呢?""哪一点我又做错了呢?""下一次，我该这样做，或许不会挨踢。"他用自己的亲身经历总结出了引导自己达到成功的座右铭："如果你做了，没有损失，而可能有大收获，那就放手去做。"

史东 16 岁时的夏天，在母亲的指导下，他走进了一座办公大楼，开始了推销保险的生涯。当他因胆怯而发抖时，他就用卖报纸时被踢后总结出来的座右铭来鼓舞自己。

就这样，他抱着“若被踢出来，就试着再进去”的念头推开了第一间办公室。

他没有被踢出来。那天只有两个人买了他的保险。从数量而言，虽然只有两个人，然而，这是个零的突破，他从此有了自信，不再害怕被拒绝，也不再因别人的拒绝而感到难堪。

第二天，史东卖出了四份保险。第三天，这一数字增加到了六份……

20 岁时，史东设立了只有他一个人的保险经纪社。开业第一天，销出了 54 份保险单。有一天，他创造一个令人瞠目的纪录——122 份。以每天 8 小时计算，每 4 分钟就成交了一份。

不到 30 岁，他已建立了巨大的史东经纪社，成为令人叹服的“推销大王”。

微小的努力能带来巨大的成功，当初如果史东没有胆量去推开门，那他就只能选择放弃了。

成功和失败之间就隔着一道虚掩的门，以小小的勇气去推开它，生活就会完全不一样。

胆识是一种大智大勇

优秀的人需要勇气，需要胆识，需要气魄，需要开拓进取，去做别人不敢做的事。胆识是一种大智大勇，有了它我们才可以力挽狂澜。

台塑成立之初，碰到了一个极大的难题：公司生产的塑胶粉居然一斤也卖不出去，全部堆积在仓库里。王永庆经过调查后，得出结论：产品销不出去的根本原因是价格太贵。

原来，王永庆在计划投资生产塑胶粉时，预计每吨的生产成本在800美元左右，而当时的国际行情价是每吨1000美元，有利可图。然而，市场是变化无常的，等台塑建成投产后，国际行情价已经跌至800美元以下。而台塑因为产量少，每吨生产成本在800美元以上，显然不具备竞争力；加上当时外销市场没打开，台湾岛内仅有的两家胶布机需求量不大，且认为台塑的塑胶粉品质欠佳，拒绝采用。因此，台塑的产品严重滞销也就可想而知了。

为了解决这一困境，王永庆决定：扩大生产，降低成本。

在产品严重积压时扩大生产，显然有违常理，因此，王永庆的决定遭到公司内外一致反对。公司内部的反对意见更是激烈，他们主张请求政府管制进口加以保护，否则，以现有的产量都已经销不出去，增加产量不是会造成更加沉重的库存压力吗？

王永庆认为，靠政府保护是治标不治本的短视行为，要想在市场上长期立足，唯一的办法就是增强自身竞争力。扩大生产虽然不一定能保证成功，但至少强于坐以待毙。

1958年，在王永庆的坚持下，台塑进行了第一次扩建工程，使月产量在原先100吨的基础上翻了一番，达到200吨。

然而，在台塑扩建增产的同时，日本许多塑胶厂的产量也在成倍增加，成本降幅比台塑更大。相比之下，台塑公司的产品成本还是偏高，依然不具备市场竞争力。怎么办？王永庆决定继续增产。不过，增产多少呢？如果一点一点往上加，始终落在别人后面，仍然不能改变被动局面，不如一步到位。

为此，王永庆召集公司的高层干部以及专门从国外请来的顾问共商对策。会上，有人提议，在原来的基础上再扩增一倍，即提高至月产量400吨；外国顾问则提出增至600吨。

王永庆提议：增至1200吨。这一数字惊得在场的所有人直发呆，他们怀疑是不是听错了。

外国顾问再次建议："台塑最初的规模只有100吨，要进行大规模的扩建，设备就得全部更新。虽然提高到1200吨，成本会大大降低，但风险也随之增大。因此，600吨是一个比较合理而且保险的数字。"他的意见得到了大多数人的认同。

王永庆坚持认为："我们的仓库里，积压的产品堆积如山，究其原因是价格太高。现在，日本的塑料厂月产量达到5000吨，如果我们只是小改造，成本下不来，仍然不具备竞争能力，结果只有死路一条。我们现在是骑在老虎背上，如果掉下来，后果不堪设想。只有竭尽全力，将老虎彻底征服！"

终于，王永庆的胆识与气魄征服了所有的人，包括外国顾问，都投了赞成票。

1960年，台塑的第二期扩建工程如期完成，塑胶粉的月产量激增至1200吨，成本果然大幅度降低，从而具备了市场竞争的条件。此后，台塑的产品不但逐渐垄断了台湾岛内市场，而且漂洋过海，在国际市场上站稳了脚跟，并逐步拓展领地，成为世界塑胶业的"霸主"。

与众不同的胆识是王永庆抓住机遇、扭转乾坤的最大财富。在危难的时候，是胆识让人坚定、明智地做出别人不敢做的决定。它不是鲁莽和自负，而是胸有成竹的胆识。有位法国哲学家曾经提出这样一个例证：假定有一匹驴子站在两堆同样大、同样远的干草之间，如果它不能决定应该先吃哪堆干草，它就会饿死在两堆干草之间。

事实上，现实生活中的驴子是绝对不会在这样的情境中饿死的，它会很快地做出决定。但是，你又不得不承认真有那么些人，在需要他们出主意、想办法、做决定的时候，却像例证中的驴子那样束手无策，窘迫得进退两难。

在人生旅途中，有许多事需要我们做出决策。遇事当断则断，当行则行，当止则止，在复杂的环境和逆境中能及时做出各种应变和决策，决不含糊和拖泥带水，这是一个勇于面对命运挑战的人必备的素质。

胆识，是理性的创造，合乎规律的举动。胆识过人，才产生惊人的效益，开拓骄人的新局面。

会推销自己才会出人头地

“沉默是金”的年代，早已一去不复返，对于现代人来说，如果不懂适时地包装自己，把握机会推销自己，就很难有出人头地的机会。

有个有名的才女，不但琴棋书画无所不通，口才与文采也是无人可与之比肩。大学毕业后，在学校的极力推荐下她去了一家小有名气的杂志社工作。谁知就是这样一个让学校都引以为自豪的人，在杂志社工作不到半年就被炒了鱿鱼。

原来，这个人才济济的杂志社，每周都要召开一次例会，讨论下一期杂志的选题与内容。每次开会很多人都争先恐后地表达自己的观点和想法，只有她总是悄无声息地坐在那里一言不发。

她原本有很多好的想法和创意，但是她有些顾虑，一是怕自己刚刚到这里便“妄开言论”，被人认为是张扬，是锋芒毕露；二是怕自己的思路不合主编的口味，被人看作幼稚。就这样，在沉默中她度过了一次又一次激烈的争辩会。有一天，她突然发现，这里的人都在力陈自己的观点，似乎已经把她遗忘了。于是她开始考虑要扭转这种局面。但为时已晚，没有人愿意听她的声音了，在所有人的心中，她已经根深蒂固地成了一个没有实力的花瓶人物。最后，她终于因自己的过分沉默而失去了这份工作。

我们在生活中常说沉默是金，但也不能忘了，沉默同时也是埋没天才的沙土。

或许在某种特殊的场合下，沉默谦逊确实是一种“此时无声胜有声”的制胜利器，但无论如何你也不要把它处处当作金科玉律来信奉。在人才竞争中，你要将沉默、踏实、肯干、谦逊的美德和善于表现自己结合起来，才能更好地让别人赏识你。

记住：再好的酒也怕巷子深。如果想在现代社会谋得一席之地，除了自己努力，还要把握机会适时展现自己的优点。

现在是一个追求个性的时代，尤其是身处职场上的人们，在关键时刻恰当地“秀”一下，不失为一个引起领导注意的好办法。

一位刚从管理系毕业的美国大学生去见一家企业的老板，试图向这位总经理推销自己——到该企业工作。

这是一家很有名气的大公司，总经理又见多识广，根本没把这个初出茅庐、乳臭未干的小伙子放在眼里。没谈上几句，总经理便以不容商量的口吻说：“我们这里没有适合你的工作。”

这位大学生并未知难而退，而是话锋一转，柔中带刚地向这位总经理发出了疑问："总经理的意思是，贵公司人才济济，已完全可以使公司得到成功，外人纵有天大本事，似乎也无须加以利用。再说像我这种管理系的毕业生是否有成就还是个未知数，与其冒险使用，不如拒之于千里之外，是吗？"

总经理沉默了几分钟，说："你能将你的经历、想法和计划说一说吗？"

年轻人似乎很不给面子，他又将了总经理一军："哦！抱歉，我方才太冒昧了，请多包涵！不过像我这样的人还值得占用您的时间跟您一谈吗？"

总经理催促着说："请不要客气。"

于是，年轻人便把自己的情况和想法说了出来。总经理听后，态度变得和蔼起来，并对年轻人说："我决定录用你，明天来上班，请保持你的热情和毅力，好好在我公司干吧！"

逆风更适合飞翔

生活中，你越是想远离痛苦就越觉得痛苦，越是想要放弃或逃避越是逃脱不了；父母生活在社会的底层，不能做你强有力的靠山，还要你赚钱贴补家用；你没有过人的才华，不懂得为人处世的技巧，在办公室里，你要小心翼翼地做人，唯恐一时失言把别人得罪了；你没有漂亮的脸蛋、魔鬼的身材，走在人群当中，你不知道该用怎样的资本去高昂头颅，展露属于自己的那份自信……

其实，逆风的方向，更适合飞翔。"我不怕万神阻挡，只怕自己投降。"一个人无论面对怎样的环境，面对再大的困难，都不能放弃自己的信念，放弃对生活的热爱。很多时候，打败自己的不是外部环境，而是你自己。

只要一息尚存，我们就要追求、奋斗。那么，即便遭遇再大的困难，我们都一定能克服，并于逆风之中扶摇直上，做到“人在低处也飞扬”。

许多年前，一个妙龄少女来到东京酒店当服务员。这是她的第一份工作，因此她很激动，暗下决心：一定要好好干！她想不到上司安排她去洗厕所！洗厕所！实话实说没人爱干，何况她从未干过粗重的活儿，细皮嫩肉，喜爱洁净，干得了吗？她陷入了困惑、苦恼之中，也哭过鼻子。这时，她面临着人生的抉择：是继续干下去，还是另谋职业？继续干下去——太难了！另谋职业——知难而退？人生之路岂有退堂鼓可打？她不甘心就这样败下阵来，因为她曾下过决心：人生第一步一定要走好，马虎不得！这时，同单位一位前辈及时地出现在她面前，他帮她摆脱了困惑、苦恼，帮她迈好这人生第一步，更重要的是帮她认清了人生路应该如何走。但他并没有用空洞的理论去说教，而是亲自做给她看。

首先，他一遍遍地抹洗着马桶，直到抹洗得光洁如新；然后，他从马桶里盛了一杯水，一饮而尽！竟然毫不勉强。实际行动胜过万语千言，他不用一言一语就告诉了少女一个极为朴素、极为简单的真理：光洁如新，要点在于“新”，新则不脏，因为不会有人认为新马桶脏，也因为马桶中的水是不脏的，是可以喝的；反过来讲，只有马桶中的水达到可以喝的洁净程度，才算是把马桶抹洗得“光洁如新”了。

同时，他送给她一个含蓄的、富有深意的微笑，送给她关注的、鼓励的目光。这已经够了，因为她早已激动得几乎不能自持，从身体到灵魂都在震颤。她目瞪口呆、热泪盈眶、恍然大悟、如梦初醒！她痛下决心：

"就算一生洗厕所，也要做一名洗厕所最出色的人！"

从此，她成为一个全新的、振奋的人；从此，她的工作质量也达到了那位前辈的高水平，当然她也多次喝过马桶水，为了检验自己的自信心，为了证实自己的工作质量，也为了强化自己的敬业心。

坚定不移的人生信念，表现为她强烈的敬业心："就算一生洗厕所，也要做一名洗厕所最出色的人。"这一点就是她成功的奥秘之所在；这一点使她几十年来一直奋进在成功路上；这一点使她从卑微中逐渐崛起，直至拥有了成功的人生。

缺点并不可怕，平凡也不是闪光的坟墓。人生之中，无论我们处于何种卑微的境地，我们都不必自暴自弃，只要我们能耐得住寂寞，心中有渴望崛起的信念；只要我们能坚定不移地笑对生活，那么，我们一定能为自己开创一个辉煌美好的未来！

勇敢面对一切困难和障碍

当我们不具备成功的天赋时，只有脚踏实地，才能让自己站稳脚跟。正如山崖上的松柏，经过无数暴风雪的洗礼，只有坚定地盘固于土地，它们才会长成坚固的树干。

一个人若不敢向命运挑战，不敢在生活中开创自己的蓝天，命运给予他的也许仅是一个枯井的地盘，举目所见将只是蛛网和尘埃，充耳所闻的也只是唧唧虫鸣。

所以，成功需要付出，希望需要汗水来实现，人生需要勤奋来铸就。

在美国，有无数感人肺腑、催人奋进的故事，主人公胸怀大志，尽管他们出身卑微，但他们以顽强的意志、勤奋的精神努力奋斗，锲而不舍，最终获得了成功。林肯就是其中的一位。

幼年时代，林肯住在一所极其简陋的茅草屋里，没有窗户，也没有地板，用当代人的居住标准来看，他简直就是生活在荒郊野外。但是他并没放弃希望，为了希望，他流再多的汗水也不会后悔。当时他的住所离学校非常远，一些生活必需品都相当缺乏，更谈不上可供阅读的报纸和书籍了。

然而，就是在这种情况下，他每天还持之以恒地走二三十里路去上学。晚上，他只能靠着木柴燃烧发出的微弱火光来阅读……

众所周知，林肯成长于艰苦的环境中，只受过一年的学校教育，但他努力奋斗，自强不息，最终成为美国历史上最伟大的总统之一。

任何人都要经过不懈努力才可能有所收获。唯有脚踏实地、努力奋斗才能收获美丽的奇迹。

亨利·福特从一所普通的大学毕业之后，便开始四处奔波求职，但均以失败告终。福特没有丧失对生活的希望，他依旧信心十足，自强不息，永不气馁。

为了找到一份好工作，他四处奔走。为了拥有一间安静、宽敞的实验室，他和妻子经常搬家。短短的几年时间里，夫妻俩到底搬过几次家，连他们自己也说不清了，但他们依旧乐此不疲。因为每一次搬迁，夫妇俩都有新的收获。贫困和挫折不仅磨炼了福特坚韧的性格，也锻炼了他的耐力和恒心，更使他有机会熟悉社会，了解人生，为未来新的冲刺做好思想和技术的准备。

尽管贫困和挫折给他带来了不少的麻烦，但为了理想，福特依然勤奋努力着，依然奋力拼搏着。功夫不负有心人，福特自强不息的精神和奋不顾身的打拼终于得到了回报。他应聘到爱迪生照明公司主发电站负责修理蒸气引擎，终于实现了自己的理想。不久，他又因为工作出色，被提升为主管工程师。

让坚定、自强不息的信念，深深地根植于你的心中，它就会激发你各方面的潜能，使你勇敢面对工作中的一切困难和障碍。

努力把自己的事做得更好，就是一种创造！厨师把菜做得更美味可口，裁缝把衣服做得更美观耐穿，建筑师盖出更舒适的房屋，司机开车更安全，作家努力写出更好的作品，都会为自己带来幸运，同时也为他人带来幸福。

无论是在生活还是在工作中，都需要我们脚踏实地，时时衡量自己的实力，不断调整自己的方向，一步一步达到自己的目标。

该出手时就出手

《致富时代》杂志上，曾刊登过这样一个故事：

有一个自称“只要能赚钱的生意都做”的年轻人，一次偶然的机会，听人说市民缺乏便宜的塑料袋盛垃圾。他立即就进行了市场调查，通过认真预测，认为有利可图，马上着手行动，很快把价廉物美的塑料袋推向市场。结果，靠那条别人看来一文不值的“垃圾袋”的信息，两星期内，这位小伙子就赚了 4 万元。

一位智商一流、拥有大学文凭的翩翩才子决心“下海”做生意。有朋友建议他炒股票，他豪气冲天，但去办股东卡时，他又犹豫道：“炒股有风险啊，等等看。”

又有朋友建议他到夜校兼职讲课，他很有兴趣，但快到上课时间了，他又犹豫了：“讲一堂课，才20元钱，没有什么意思。”

他很有天分，却一直在犹豫中度过。两三年了，一直没有“下过海”，碌碌无为。

一天，这位“犹豫先生”到乡下探亲，路过一片苹果园，望着长势茁壮的苹果树，禁不住感叹道：“上帝赐予了一块多么肥沃的土地啊！”种树人一听，对他说：“那你就来看看上帝怎样在这里耕耘吧。”

有些人不是没有成功立业的机遇，只因不善抓机遇，所以最终错失机遇。他们好像永远不能自主，非有人在旁扶持不可，即使遇到任何一点小事，也得东奔西走地去和亲友邻人商量，同时脑子里更是胡思乱想，弄得自己一刻不宁。于是愈商量，愈拿不定主意；愈东猜西想，愈是糊涂，就愈弄得毫无结果，不知所措。

没有判断力的人，往往使一件事情无法开始，即使开始，也无法进行。他们的一生，大半都消耗在没有主见的怀疑之中，即使给这种人成功的机遇，他们也永远不会成功。

成功者都具有当机立断、把握机遇的能力。他们只要自己把事情审查清楚，计划周密，就不再怀疑，立刻勇敢果断地行事。因此任何事情只要一到他们手里，往往能够大获成功。在行动前，很多人犹豫不决。在这种情况下，首先你要问自己：“我害怕什么？为什么我总是这样犹豫不决，抓不住机会？”

在成功之路上奔跑的人，如果能在机遇来临之前就识别它，在它消逝之前就果断采取行动抓住它，这样，幸运之神就会来到你的面前。

当机立断，将它抓住，以免转瞬即逝，或是日久生变。看来，握住机遇，眼力和勇气是不可缺少的。

机遇是一位神奇的、充满灵性的，但性格怪僻的天使。它对每一个人都是公平的，但绝不会无缘无故地降临。只有经过反复尝试，多方出击，才能寻觅到它。

在通往成功的道路上，有很多机会都会轻轻地敲你的门。如果你知难而退，优柔寡断，缺乏勇往直前的勇气，机会便会悄悄溜走。

要善于发现机会。很多的机会好像蒙尘的珍珠，让人无法一眼看清它华丽珍贵的本质。成功的人并不是一味等待的人，要学会为机会拭去障眼的灰尘。

要善于把握机会。没有一种机会可以让你看到未来的成败，人生的妙处也在于此。不通过拼搏得到的成功就像一开始就知道真正凶手的悬案电影般索然无味。选择一个机会，不可否认有失败的可能。将机会和自己的能力对比，合适的紧紧抓住，不合适的学会放弃。用明智的态度对待机会，也使用明智的态度对待人生。

不要为自己找借口，诸如别人有关系、有钱，当然会成功；别人成功是因为抓住了机遇，而我没有机遇，等等。这些都是你维持现状的理由，其实根本原因是你根本没有什么目标，没有勇气，你根本不敢迈出成功的第一步，你只知道成功不会属于你。如果一生只求平稳，从不放开自己去追逐更高的目标，从不展翅高飞，那么人生便失去了意义。

人对于改变，多多少少会有一种莫名的紧张和不安，即使是面临代表进步的改变也会这样，这就是害怕冒风险造成的。

但丁在《神曲》中描述这样一个细节：但丁在古罗马诗人维吉尔的引导下，游历了惨烈的九层地狱后来到炼狱，一个魂灵呼喊他，他便转过身去观望。这时导师维吉尔告诉他："为什么你的精神分散？为什么你的脚步放慢？人家的窃窃私语与你何干？走你的路，让人们去说吧！要像一座屹立的塔，绝不因暴风雨而倾斜。"

克服犹豫不决的方法是，先"排演"一场比你要面对的更复杂的战斗。如果手上有棘手活而自己又犹豫不决，不妨挑件更难的事先做。这样，你就可以自己开辟一条成功之路。成功的真谛是：对自己越苛刻，生活对你越宽容；对自己越宽容，生活对你越苛刻。

只要你认准了路，确立好人生的目标，就永不回头，"该出手时就出手"，向着目标，心无旁骛地前进，相信你一定会到达成功的彼岸。

第五章
可输给别人，但绝不能输给自己

狼是绝顶聪明的，它们一次次抓伤同一只驯鹿，让那只驯鹿经过一次次的失败打击后，变得信心全无，到最后它完全崩溃了，完全忘了自己还有反抗的能力。当狼群再次攻击它时，它放弃了抵抗。所以，真正打败驯鹿的是它自己，它的敌人不是凶残的狼，而是自己孱弱的心灵。同样的道理，要让自己强大起来，唯一的方法就是挑战自己，战胜自己，超越自己。

在生活的道路上，必须自己做出选择，不要总是踩着别人的脚印走，不要总是听凭他人摆布，要勇敢地驾驭自己的命运，掌控自己的情感，做自己的主宰，做命运的主人。

最可靠的人是自己

人生总是会遇到不顺的情况，很多人处于困境时总期待借助别人的力量改变现状，殊不知，在这个世界上，最可靠的人不是别人，而是你自己，要知道，靠山山会倒。为何总想着依赖别人，而不是依赖自己呢？在这个世界上，你要勇敢地做你自己的上帝，因为，你的命运只能由你自己来主宰。

从事个性分析的专家罗伯特·菲利浦有一次在办公室接待了一位因自己开办的企业倒闭、负债累累、离开妻女四处为家的流浪者。那人进门就说："我来这儿是想见见这本书的作者。"说着，他从口袋里拿出一本名为《自信心》的书，那是罗伯特多年前写的。

流浪者说："一定是命运之神在昨天下午把这本书放入我的口袋里的，因为我当时决定跳入密歇根湖，了此残生。我已经看破一切，对一切已经绝望，所有的人都抛弃了我。还好，我看到了这本书，它使我产生了新的看法，为我带来了勇气及希望，并支撑我度过昨天晚上。我已下定决心，只要我能见到这本书的作者，他一定能协助我再度站起来。现在，我来了，我想知道你能替我这样的人做些什么，能给我指一条明路。"

在他说话的时候，罗伯特从头到脚打量着这位流浪者，发现他眼神茫然，神态紧张。这一切都显示，这个人已经无可救药了，但罗伯特不忍心对他这样说。因此，罗伯特请他坐下，要他把自己的故事完完整整地说出来。

听完流浪汉的故事，罗伯特想了想，说："虽然我没有办法帮助你，但如果你愿意的话，我可以介绍你去见一个人，他可以帮助你赚回你所损失的钱，并且协助你东山再起。"罗伯特刚说完，流浪汉立刻激动地跳了起来，他紧紧地抓住罗伯特的手说道："看在上天的分上，请带我去见这个人。"

他提出此要求，表明他心中仍然存在一丝希望。听以，罗伯特拉着他的手，引导他来到从事个性分析的心理试验室，和他一起站在窗前。罗伯特把窗帘拉开，露出一面高大的镜子，罗伯特指着镜子里的流浪汉说："就是这个人。在这个世界上，只有这个人能够使你东山再起，除非你坐下来，彻底认识这个人——当作你从前并未认识他——否则，你只能跳到密歇根湖里。因为在你对这个人未做充分的认识之前，对于你自己或这个世界来说，你都将是一个没有任何价值的废物。"

流浪汉朝着镜子走了几步，用手摸摸他长满胡须的脸，对着镜子里的人从头到脚打量了几分钟，然后后退几步，低下头，开始哭泣起来。过了一会儿，罗伯特领他走到电梯间，送他离去。

几天后，罗伯特在街上碰到了这个人。他不再是一个流浪汉形象，他西装革履，步伐轻快有力，原来的衰老、不安、紧张已经消失不见。他说，感谢罗伯特先生让他找回了自己，他会努力把失去的找回来。

后来，那个人真的东山再起，成为芝加哥的富翁。

人要勇敢地做自己的上帝，因为真正能够主宰自己命运的人就是自己，当你相信自己的力量之后，你的脚步就会变得轻快，你就会离成功的目标越来越近。只有做自己的上帝，你才能充分发挥你自身的潜能。如果你还在等待别人的帮助，那就在这一刻改变吧。

从21世纪人才的竞争来看，社会对人才的要求是很高的，除了具备良好的身体素质和智力水平，还必须具备生存意识、竞争意识、科技意识，以及创新意识。这就要求我们从现在开始注重对自己各方面能力的培养，只有使自己成为一个全面的、高素质的人，才可能在未来的竞争中站稳脚跟，取得成功。

人若失去自我，是一种不幸；人若失去自主，则是人生最大的缺憾。赤、橙、黄、绿、蓝、靛、紫，每个人都应该有自己的一片天地和特有的亮丽色彩。

你应该果断地、毫无顾忌地向世人宣告并展示你的能力、你的风采、你的气度、你的才智。在生活的道路上，必须自己做选择，不要总是踩着别人的脚印走，不要总是听凭他人摆布，而要勇敢地驾驭自己的命运，掌控自己的情感，做自己的主宰，做命运的主人。

善于驾驭自我命运的人，是最幸福的人。只有摆脱了依赖，抛弃了拐杖，具有自信、能够自主的人，才能走向成功。自立自强是走入社会的第一步，是打开成功之门的金钥匙。

真正的自助者是令人敬佩的觉悟者，他会藐视困难，而困难也会在他面前轰然倒地。行动起来，因为只有你自己才能真正帮助自己。靠别人，不如靠自己。

在困境中奋起抗争

相信很多读者都对苏联著名作家高尔基所著的《海燕》一文有着深刻的印象：

在苍茫的大海上，狂风卷集着乌云。在乌云和大海之间，海燕像黑色的闪电，在高傲地飞翔。一会儿翅膀碰着波浪，一会儿箭一般地直冲向乌云，它叫喊着——就在这鸟儿勇敢的叫喊声里，乌云听出了欢乐。海鸥在暴风雨来临之前呻吟着——呻吟着，它们在大海上飞蹿，想把自己对暴风雨的恐惧，掩藏到大海深处。

海鸥还在呻吟着——它们这些海鸥啊，享受不了生活的战斗的欢乐，轰隆隆的雷声就把它们吓坏了。

蠢笨的企鹅，胆怯地把肥胖的身体躲藏在悬崖底下……

只有那高傲的海燕，勇敢地、自由自在地，在泛起白沫的大海上飞翔……

而人类，也有海燕、海鸥、企鹅等类型。有的人在困境的打击下，像海燕一样无所畏惧，积极地奋起抗争；有的人在困境的打击下，只会独自呻吟，丧失了一切勇气；有的人在困境的打击下，蜷缩在角落里，不敢去面对一切……面对困境，是像海燕一样积极搏击，还是一味地“独自呻吟”“蜷缩在角落里”，决定了你未来的人生。

在19世纪50年代的美国，有一天，黑人家里的一个10岁的小女孩被母亲派到磨坊里向种植园主索要50美分。

园主放下自己的工作，看着那黑人小女孩敬而远之地站在那里，便问道：“你有什么事情吗？”黑人小女孩没有移动脚步，怯怯地回答说：“我妈妈说想要50美分。”

园主怒气冲冲地说：“我绝不给你！你快滚回家去吧，不然我用锁锁住你。”说完继续做自己的工作。

过了一会儿，他抬头看到黑人小女孩仍然站在那儿不走，便拿起一块木板向她挥舞道："如果你再不滚开的话，我就用这木板教训你。好吧，趁现在我还……"话未说完，那黑人小女孩突然像箭镞一样冲到他前面，毫不畏惧地扬起脸来，用尽全身气力向他大喊："我妈妈需要50美分！"

慢慢地，园主将木板放了下来，手伸向口袋里摸出50美分给了那个黑人小女孩。她一把抓过钱去，便像小鹿一样推开门跑了。园主目瞪口呆地站在那儿——一个黑人小女孩竟然毫无惧色地面对自己，并且镇住了自己，在这之前，整个种植园里的黑人们似乎连想都不敢想。

小女孩的勇敢让她最终得到了她妈妈需要的50美分。如果她也像海鸥一样，面对困难只会呻吟，那么她也会跟其他的黑人一样，不敢忤逆园主，当然更不可能提要钱的事了。所以不管遇到什么困难，我们都要做积极勇敢的海燕，不做呻吟的海鸥。

把自己"逼"上巅峰

把自己"逼"上巅峰，首先要给自己一个没有后路的悬崖，这样才能发挥出自己最大的能力。

中国有句成语叫"背水一战"。它的意思是背靠江河作战，没有退路，我们常常用它来比喻决一死战。背水一战，其实就是把自己的后路斩断，以此将自己逼上"巅峰"。这个成语来源于《史记·淮阴侯列传》，这个典故对于处于困境中的人来说，有着启示意义。

韩信是汉王刘邦手下的大将，为了打败项羽，夺取天下，他为刘邦定计，先攻取了关中，然后东渡黄河，打败并俘虏了背叛刘邦、听命于项羽的魏王豹，接着韩信开始往东攻打赵王歇。

在攻打赵王时，韩信的部队要通过一道极狭的山口，叫井陉口。赵王手下的谋士李左车主张一面堵住井陉口，一面派兵抄小路切断汉军的辎重粮草，这样韩信小数量的远征部队没有后援，就一定会败走。但大将陈余不听，仗着兵力优势，坚持要与汉军正面作战。韩信了解到这一情况，不免对战况有些担心，但他同时心生一计。他命令部队在离井陉 30 里的地方安营，到了半夜，让将士们吃些点心，告诉他们打了胜仗再吃饱饭。随后，他派出 2000 轻骑从小路隐蔽前进，要他们在赵军离开营地后迅速冲入赵军营地，换上汉军旗号；又派 1 万军队故意背靠河水排列阵势来引诱赵军。

到了天明，韩信率军发动进攻，双方展开激战。不一会儿，汉军假意败回水边阵地，赵军全部离开营地，前来追击。这时，韩信命令主力部队出击，背水结阵的士兵因为没有退路，也回身猛扑赵军。赵军无法取胜，正要回营，忽见营中到处是汉军旗帜，于是四散奔逃。汉军乘胜追击，以少胜多，打了一个大胜仗。

在庆祝胜利的时候，将领们问韩信："兵法上说，列阵可以背靠山，前面可以临水泽，现在您让我们背靠水排阵，还说打败赵军再饱饱地吃一顿，我们当时不相信，然而最后竟然取胜了，这是一种什么策略呢？"

韩信笑着说："这也是兵法上有的，只是你们没有注意到罢了。兵法上不是说'陷之死地而后生，置之亡地而后存'吗？如果是有退路的地方，士兵都逃散了，怎么能让他们拼死一搏呢！"

所以在生活中，当我们遇到困难与绝境时，我们也应该如兵法中所说那样“置之死地而后生”，要有背水一战的勇气与决心，这样才能发挥自己最大的能力，将自己逼上生命的巅峰。在这种情况下，事情往往会出现极大的转机。

给自己一个没有退路的悬崖，把自己“逼”上巅峰，从某种意义上说，是给自己一个向生命高地冲锋的机会。如果我们想改变自己的现状，改变自己的命运，那么首先应该改变自己的心态。只要有背水一战的勇气与决心，我们一定能突破重重障碍，走出绝境。

所以我们要保持这样的心态，使自己处于不断积极进取的状态，形成自信、自爱、坚强等品质，这些品质可以让你的能力越来越强。你若是想改变自己的处境，那么就改变自己的状态，勇敢地向命运挑战。一旦你决心背水一战，拼死一搏，你便可以把你蕴藏的无限潜能充分发挥出来，让自己创造奇迹，做出令人瞩目的成绩，攀上命运的巅峰。

与其抱怨不如去改变

在现实中，我们难免会遭遇挫折与不公正待遇，每当这时，有些人往往会产生不满，不满通常会引起牢骚，希望以此引起更多人的同情，吸引别人的注意力。从心理角度讲，这是一种正常的心理自卫行为。但这种自卫行为同时也是许多人心中的痛，牢骚、抱怨会削弱责任心，降低工作积极性。

通往成功的征途不可能一帆风顺，遭遇困难是常有的事。事业的低谷、种种的不如意让你仿佛置身于荒无人烟的沙漠，没有食物也没有水。这种漫长的、连续不断的挫折往往比那些虽巨大却可以速战速决的困难更难战胜。在面对这些挫折时，许多人不是积极地去找方法化险为夷，寻找生路，而是一味地急躁，抱怨命运的不公平，抱怨生活给予他的太少，抱怨时运不佳。

奎尔是一家汽车修理厂的修理工，从进厂的第一天起，他就开始喋喋不休地抱怨，“修理这活太脏了，瞧瞧我身上弄的”“真累呀，我简直讨厌死这份工作了”……每天，奎尔都在抱怨和不满的情绪中度过。他认为自己在受煎熬，就像奴隶一样卖苦力。因此，奎尔每时每刻都窃视着师父的眼神与行动，稍有空隙，他便偷懒耍滑，应付手中的工作。

转眼几年过去了，当时与奎尔一同进厂的三个工友，各自凭着精湛的手艺，或另谋高就，或被公司送进大学进修，独有奎尔，仍旧在抱怨声中做他讨厌的修理工。

提及抱怨与责任，有位企业领导者一针见血地指出：“抱怨是失败的一个借口，是逃避责任的理由。这样的人没有胸怀，很难担当大任。”仔细观察任何一个管理健全的机构，你会发现，没有人会因为喋喋不休的抱怨而获得奖励和提升。这是再自然不过的事了。想象一下，船上水手如果总不停地抱怨：这艘船怎么这么破，船上的环境太差了，食物简直难以下咽，以及有一个多么愚蠢的船长。你认为，这名水手的责任心会有多大？对工作会尽职尽责吗？假如你是船长，你是否敢让他做重要的工作？

如果你受雇于某个公司，对工作竭尽全力，主动负责！只要你还是公司的一员，就不要谴责它，否则你只会诋毁你的公司，同时也断送了自己的前程。如果你对公司、对工作有满腹的牢骚无从宣泄时，做个选择吧。一是选择离开，到公司的门外去宣泄；二是当你选择留在这里的时候，就应该做到“在其位，谋其政”，全身心地投入到公司的工作中去，为更好地完成工作而努力。记住，这是你的责任。

一个人的发展往往会受到很多因素的影响，这些因素有很多是自己无法把握的，工作不被认同、才能不被重用、职业发展受挫、上司待人不公平、别人总用有色眼镜看自己……这时，能够拯救自己的只有自己，与其抱怨不如改变。

比尔·盖茨曾告诫初入社会的年轻人：社会是不公平的，这种不公平遍布于个人发展的每一个阶段。在这一现实面前任何急躁、抱怨都没有益处，只有坦然地接受这一现实并努力去寻求改变的方法，才能扭转这种不公平，使自己的事业有进一步发展的可能。

把自己逼入绝境

人在绝境或没有退路的时候，最容易产生爆发力，展示出非凡的潜能。如果我们想在最恶劣、最不利的情况下取胜，最好把所有可能退却的道路切断，有意识地把自己逼入绝境，只有这样才能保持必胜的决心，用强烈的刺激唤起那敢于超越一切的潜能。

美同杰出的心理学家詹姆斯的研究表明，一个没有受逼迫和激励的人仅能发挥出潜能的20%～30%，而当他受到逼迫和激励时，其能力可以发挥80%～90%。许多有识之士不但在逆境中敢于背水一战，即使在一帆风顺时，也用切断后路的强烈刺激，使自己在通向成功的路上立起一块块胜利的路标。

其实我们每个人都总是对现有的东西不忍放弃，对舒适安逸的生活恋恋不舍，一个人要想让自己的人生所转机，就必须懂得在关键时刻把自己带到人生的悬崖，给自己一个悬崖其实就是给自己一片蔚蓝的天空。

有个小孩子，见一只蝙蝠掉在地上，挣扎了好大一会儿也没有飞起来，心里就纳闷儿了：奇怪，蝙蝠是非常灵巧的动物，怎么落到地上之后就飞不起来了呢？

带着这个疑惑，小孩子去找他父亲。父亲把他带到了一个山洞里面。只见山洞的洞顶和洞壁倒悬着无数的蝙蝠，就是没有一只是栖落在地面上的。

见孩子一副不解的样子，父亲就说："这是蝙蝠在给自己一片危崖。"

"蝙蝠为什么要给自己一片危崖呢？"小孩子还是不解，"它这样做岂不是让自己每时每刻都处在危险中了吗？"

父亲笑着告诉他："蝙蝠一旦脱离了攀附的洞壁，就会直接掉在地上。为了避免坠落而亡，蝙蝠只有尽全力地扑打着翅膀，努力使自己向上，再向上，所以我们才看到了灵巧飞翔的蝙蝠……"

"可是，为什么蝙蝠掉到地上之后，就再也飞不起来了呢？"

父亲接着解释道："蝙蝠一旦掉在了地上，就再也没有悬挂在洞壁时那种'生的危险，死的威胁'的感受了。没有这种生死攸关的感受，蝙蝠也就不可能再尽全力地去飞了。而正是因为没有尽全力地去飞，才使得它永远也飞不起来了！"

在生活中我们会看到这种现象，甲和乙两个同学毕业后一起参加工作。甲的工作较为安稳，且收入稳定，温饱不愁；乙的工作则辛苦奔波，甚至风餐露宿。若干年后，我们发现，乙的成就远远高于甲。因此我们可以看出，人在艰苦的环境中，更能激发自己的潜能。以此推理，当人处于绝境中时，也正是他最强大的时候。

人面对困境，恐惧和退缩其实于事无补。无论在任何时候，你都要明白，越是困难的事情，越能让你有所突破。你不妨像蝙蝠一样给自己一个“悬崖”，让自己时刻保持成长的警惕，抵御放纵的心理，在自己制造的绝境中，完善自己。

靠谁都不如靠己

人不仅有生存的本能，更有关于人生的思考和情感。比起那些依靠本能而活的动物，人的欲求要多得多，但并不是每个人都能够满足自己的欲求。遇到这种情况，很多人或许抱怨命运的不公，或许在想自己的能力不够，接下来，便将这种难以实现的愿望寄托于命运和他人身上。

依赖是一种习惯，在人脆弱的时候，总希望有人能够拉自己一把。确实，当人生遇到艰难，难免会向他人寻求帮助，但你要知道，别人只能帮你一时，帮不了你一世。

人生在世，应该以一种宽大的胸怀坦荡地活着，在烦恼压身的时候，我们不能想着别人来拯救自己，而应该首先想到自救，自己为自己搭起求生的阶梯。只有这样，你才能给自己找到一个出口。

能力是属于自己的，别人夺不走，而别人施舍的恩赐随时可能消失，就算为自己找退路，你也要懂得“凡事应靠自己”这个道理。人的一生中，自己才是最大的依靠，只有成为一个名副其实的、真正掌握自己命运的舵手，自己的未来才会有希望，才会成功。

有一个人从小不被老师看重，他长大以后，曾经两次被公司辞退过，他甚感疑惑的是，为何他如此努力，却仍旧是一个笨蛋。

他也曾经为此否定过自己，在内心做过激烈的挣扎，并且在那个时候，他甚至还被别人称为“精神病”。然而，他内心深处始终有一个声音在呐喊——靠自己坚持下去。正是凭借这样的信念，面对失败，他一次次坚强地撑过去了，其间确实遇见了几位不错的老师，在妻子的鼓励下，他最终如愿取得了心理学博士学位。

在他 54 岁那年，他终于理解了“学习障碍”这个名词，还知道了他受了如此多的苦难之缘故，他还以自身受苦的经历给予了身边很多人帮助。

只要自己抱有十足的信心和顽强的毅力，困难就会不战而胜。这个人正是凭借自己的信念将各种障碍克服掉，当然这不是别人所能给予的，因为靠谁都不如靠己。

泰戈尔曾经说过：“顺境也好，逆境也好，人生就是一场面对种种困难无尽无休的斗争，一场敌众我寡的战斗。只有笑到最后的，才是真正的胜利者。”可以说，在信念的驱使下，在拼搏精神的照耀下，就没有越不过去的山，迈不过去的坎。人是脆弱的，但没有我们想的那样脆弱，你的抗压能力在于你是否敢于去抗压。遇到困难时，不要想着别人的帮助，而应该靠自己。

依靠别人生存的人，最终只会消磨自己，让自己的能力每况愈下。人的能力是锻炼出来的，只有你懂得奋斗，敢于奋斗，才能成为生活的强者，成为别人能够依靠的人，而不是依靠别人的人。

“琼斯乳猪香肠”是美国人人皆知的一种美食，它的发明者叫琼斯。在琼斯发明这种美食的过程中，还有一个感人至深的故事——琼斯与命运进行斗争。

琼斯之前工作于威斯康星州农场，那个时候，他的生活尽管非常贫穷，但他身体强壮，工作认真勤勉，生活过得比较幸福。

但是，谁也没有想到，一次意外事故改变了琼斯的命运，琼斯瘫痪在床。在很长一段时间里，他整天生活在可怕的阴影里，每天抱怨老天对他不公平，他痛苦极了，甚至连他的亲友都觉得他此生彻底完蛋了。

有一天，琼斯的妈妈鼓励儿子说：“琼斯，我不愿意听你说生活的糟糕是上天的意愿。你要知道，是你自己掌握着自己的命运。”

在接下来的几天时间里，琼斯都在深刻地反思妈妈说的这句话：“是啊！为什么只是埋怨上天，而想不到自己主动去改变命运呢？尽管我没有了双腿，但是我还有大脑啊！”

从那日起，琼斯每天信心十足，同时也让家人重新燃起了希望，他决定自己致富。在那段日子里，他每天都会在心中留下积极的想法，而快速过滤掉一些消极的想法。

数日以后，琼斯告诉家人自己的致富构想：“实际上，我们的农场完全可以改为种植玉米，用收获的玉米来养猪，然后趁着乳猪肉质鲜嫩时灌成香肠，将它们销售出去，我想销路一定会很好！”

果然，事情就像琼斯预料的那样，家人按他的计划准备好一切后，“琼斯乳猪香肠”真的红遍了美国，成了受大众欢迎的美食，琼斯也因此彻底改变了自己的命运，从此一家人的生活富足起来。

尽管老天为琼斯关上了一扇门，但同时也为他开启了一扇窗。在我们每个人生活的道路上，一旦前方出现“挡路石”的时候，我们一定要凭借自己的双手，自己解决问题，如果只是期盼别人过来拉自己一把，问题永远得不到真正意义上的解决。

俗话说得好“天无绝人之路”，不管生活以什么样的脸庞对我们，我们都要始终坚信“人生没有过不去的火焰山”。琼斯之所以最后能让“琼斯乳猪香肠”一炮走红，就是因为他有着一颗坚定的心，自始至终都坚信“冬天过后春天就不会太远”。他未被眼前的绝境所吓倒，而是依靠自己的聪明才智，从绝境中看到了希望，寻找到了致富的道路。

每个人的生活中不可能都像春天般的好天气，也不可能没有风风雨雨。只要自己有接受风雨的勇气和宽广的胸怀，即便被挫折打倒在地，也要坚强地爬起来，重整自己的装束，以乐观的心态挑战自我，挑战命运。若是只在原地等待别人的帮助，那么说不定你会永远停留在原地，就算有人好心拉了你一把，在等待中你也耗费了大把的时间。

在人生的路途上，我们谁也无法预知未来可能出现的什么情况，一旦我们遭遇挫折，我们是否有勇气进行自我拯救，大胆地走出逆境中的泥泞，从而打开自己的“活路”呢？我们自己才是自己真正的救世主，只有自我拯救才能获得别人更多的帮助，才能在眼前出现“生”的奇迹。

要靠自己去拼搏

传奇商人王永庆曾经说过：“先天环境的好坏，并不足奇，成功的关键在于一己之努力。”俗语也说，靠山山会倒，靠人人会跑，只有自己最可靠。最好的人生，就在你自己的掌握中。人活着，最重要的是寻找属于自己的世界。这个世界，是别人给不了你的，唯有自己争取。

别人给不了我们光辉的人生，命运同样也给不了，它只能给你一个好的出身，或者是一个成功的机会，但最终，还是要靠自己去拼搏的。

我们的一生总会面临很多选择，诸多选择让我们迷失了双眼。你希望得到的东西，似乎总是遥不可及。而你想要逃避的，却总是如影随形地跟在你身边。当你面对诸如此类的种种不如意时，会希望命运或是别人能来救你，但现实不是小说，更不是电影，没有那么多的救世主，如果真要找，只有一个，那就是你自己。

一个墨西哥女人和丈夫、孩子一起到了美国，当一家人来到得克萨斯洲边界艾尔巴索城的时候，这个女人的丈夫离开了他们，不知所终。一直依附在丈夫这棵大树下的女人，变得束手无策，而两个嗷嗷待哺的孩子又使她不得不面对生活。

在经过最初的茫然之后，女人决定依靠自己打拼出一番事业。虽然当时她只有几美元，但是她还是毅然决然地买了一张火车票前往加州。在加州，她找到了一份在餐馆中当服务员的工作。每天她都要从半夜工作到早上 6 点钟，却只能赚到可怜的几美元。虽然钱很少，但是女人省吃俭用，努力积攒着财富。

几年之后，这个女人想用辛辛苦苦积攒的钱开一家墨西哥小吃店，专卖墨西哥肉饼。但是当时她的积蓄非常有限，还不能靠自己的力量实现愿望。因此，她拿着自己仅有的资产，来到银行向经理申请贷款。她对银行的经理说："我想买一间小房子，经营墨西哥小吃，如果你肯贷款给我，那么我的愿望就能够实现。"一个看起来普普通通的外国女人，没有财产抵押，没有担保人，就连她自己也不知道会不会成功。可是当时那位银行经理却被她的勇气所折服，决定冒险资助。

25 岁这一年，女人终于经营起了属于自己的墨西哥肉饼店，15 年之后，这间小吃店变成了全美最大的墨西哥食品批发店。

这个女人就是大名鼎鼎的拉梦娜·巴努宜洛斯。

拉梦娜·巴努宜洛斯作为一个弱女子，又面对无依无靠的悲惨境地，依然通过自身的努力为自己赢得成功，值得所有人钦佩。其实，对于任何人来讲都是如此，你如果想要让自己赢得成功和尊重的话，就必须依靠自己的力量去奋斗。

昨日的一切，都是不可逆转的，你能改变的就只有自己的未来。与其咒骂命运，祈求上天，不如相信自己，用豁出一切的勇气来走出一条不凡的人生路。

我们都知道，太阳花具有超强的生命力，即使把它掐断再种到另一个地方，它也能活下去，而且温度越高，生长得越快。然而菟丝花虽然妖娆多姿，但总需要缠绕到别的植物上面，一旦离开了依附的树枝，它便失去了生存的空间。

我们不妨将这两种花比作人生中的强者和弱者。不难理解，那些不管是事业还是家庭能够赢得成功的人，他们从来不依附于他人，在别人说其不具备条件时，也决不放弃努力，相信只有行动才能把人生引向成功，即使有点灰心，也决不后退。相较之下，那些失败的人往往缺乏独立意识，他们不想法凭借自己的力量去获得人生的发展，因此也就注定了他们只能成为自然界中的菟丝花，当依附不在，自己也就颓然倒地了。

命运不会给你那么多的依靠，唯一靠得住的就只有自己。自己的命运应该由自己掌握，再糟糕的结果也不过是人生低谷。要记住，人生只有一个最低点，只要度过了，之后的每一天都是上升期！

别把希望寄托在别人身上

这个世界上没有谁是你真正的靠山，你真正可以依靠的只有自己，当人生遭遇苦难之时，不要一心只想着去找“救命稻草”，你应该静下心来问问自己：“我能做什么，我会因此而得到什么？”你的未来，还需要你自己去努力。

有个中国大学生，以非常优异的成绩考入加拿大一所著名学府。初来乍到的他因为人地两疏，再加上沟通存在一定障碍、饮食不习惯等原因，思乡之情越发浓重，没过多久就病倒了。为了治病，他几乎花光了父母给自己寄来的钱，生活渐渐陷入困境。

病好以后，留学生来到当地一家中国餐馆打工，老板答应给他每小时 10 加元的报酬。但是，还没干到一个星期他就受不了了，在国内，他可从来没做过这么“辛苦”的工作，他扛不住了，于是辞了工作。就这样，他不时依靠父母的帮助，勉勉强强坚持了一个星期，此时他身上的钱已经所剩无几。所以在放假时，他便向校方申请退学，急忙赶回了家乡。

当他走出机场以后，远远便看到前来接机的父亲。一时间，他的心中满是浓浓的亲情，或许还有些委屈、抱怨——他可从来没吃过这么多的苦。父亲看到他也很高兴，张开双臂准备拥抱良久不见的儿子。可是，就在父子即将拥抱在一起的一刹那，父亲突然一个后撤步，儿子顿时扑了个空，重重地摔倒在地。他坐在地上抬头望着父亲，心中充满了迷惑：难道父亲因为自己退学的事动怒了？他伸出手，想让父亲将自己拉起来，而父亲却没有动，只是语重心长地说道："孩子你要记住，跌倒了就要自己爬起来，这个世界上没有任何一个人会是你永远的依靠。你如果想要生存，想要比别人活得更好，只能靠自己站起来！"

听完父亲的话，他心中充满惭愧，他站起来，抖了抖身上的灰尘，接过父亲递给自己的那张返程机票。

他不远万里匆匆赶回家乡，想重温一下久违的亲情，却连家门都没有进便返回了学校。从这以后，他发奋努力，无论遇到多少困难、无论跌倒多少次，都咬着牙挺了过来。他一直记着父亲的那句话："没有任何一个人是你永远的依靠，跌倒了就要自己爬起来！"

一年以后，他拿到了学校的最高奖学金，而且还在一家具有国际影响力的刊物上发表了数篇论文。

别以为靠自己的力量不能将生命张扬，别把太多的希望寄托在别人身上，没有人会永远保护你，父母终究会老去，朋友都会有自己的生活，所有外来的赐予必然日渐远离，我们要学着给自己温暖和力量，遇到困难不要灰心，不要抑郁，越是孤单越要坚强，生命的负重还要你来托起。

你要懂得，没有人替你勇敢，没有人可以一辈子为你而活，所以要自己学会坚强。

自己的苦只能自己扛

“滴自己的汗，吃自己的饭，靠人、靠天、靠祖上，不算是好汉。”人，不能拒绝长大，很多的事情只有自己去解决，事事依赖他人，就好像坐着轮椅生活，一旦这个轮椅丢失，将会寸步难行。

人生这条路上，再多的苦，只能由自己来扛。

一条小巷，一个女人，一小罐煤气，一张简单的操作平台，拼合成了一道独特的风景。

她只卖三样小炒：尖椒肉丝，尖椒牛柳，尖椒炒鸡蛋。菜式单一，顾客却不少。

她很干净，过一会儿就会换一条围裙，换一副袖套；她很雅致，每卖一份小炒，就在装菜的快餐盒里放上一朵自己雕刻的萝卜花。“这样装在盒子里的，才好看。”她说。

也许是冲着她的小摊干净，也许是冲着雅致的萝卜花，也许是冲着她长得好看，每到饭点，她的摊前都围满了人，6 ~ 10 元一份的小炒，大家都耐心地等待着。女人娴熟地翻炒着，那样子就像一个贤惠的家庭主妇，整个过程都让人感到亲切和美丽。于是，一朵一朵素雅的萝卜花，就开到了人们的饭桌上。

女人是个有故事的人。她曾经有个富裕的家，老公在市中心的繁华地段开了一间商铺，生意很是不错，她原本的工作就是相夫教子，闲时和姐妹们逛逛街、旅旅游，生活得轻松而惬意。然而很不幸，她的老公因为酒后驾驶出了事故，医院当场就下了病危通知书。女人几乎倾尽所有，赔人家的钱，救自己的老公，最终也只是捡回了男人的半条命——他截肢了。

生活从此一贫如洗。年幼的孩子，瘫痪的男人，女人得一肩扛一个。有人曾劝女人带着孩子离开，这话就连她的老公也曾说过，她很认真地告诉他们，不要再说这样的话，无情无义的事情她做不来。

她不能出去工作，因为朝九晚五的工作让她无法照顾老公和孩子。她长得漂亮，有人曾想让她做情人，她严词拒绝了。但一家人总不能就这样活活饿死吧。想了又想，她决定摆摊卖小炒，虽然会很累，虽然会让熟人看不起，但只要中午和傍晚两个饭点出摊就可以了，她有更多的时间照顾家里那不能自理的两个人。

老公说，街上那么多家饭店，你这家庭主妇的手艺能卖得出去吗？女人一想，也是，总得有个让人记着的卖点吧？于是她想到了萝卜花，她从小手就巧，以前生活清闲，有大把的时间布置一顿雅致的晚餐，她总喜欢雕萝卜花做装饰。一根根再普通不过的胡萝卜、“心里美”萝卜，到了她的手里，就能开出一朵朵美丽的小花。女人为自己的这个小“创意”，暗自欣喜了一番。

就这样，她的小摊摆开了，而且很快成了这条街上的一道独特风景。街上的人如果不愿意做菜，自然而然就会想到她的萝卜花。她的生意就这样慢慢红火起来了。有人开玩笑地问女人，这么好的生意，攒了不少钱吧？她笑而不答。

不到两年的光景，女人竟出人意料地盘下了一家临街的饭店，用她积攒的钱。她在后厨配菜，她瘫痪的男人则在前台管账。她还是那样干净、雅致，所有的菜肴里依然会放上一朵她雕刻的萝卜花。

“菜不但是吃的，也是用来看的。”她说，眼波明亮，流光溢彩。一旁的男人，气色也好，丝毫不见颓废的样子。

女人的饭店，渐渐出了名，提起萝卜花，大家都知道。

生活也许会让你陷入孤苦无助的低谷，但如果你能用自己的双肩把生活的苦扛起来，低谷中也能盛开美丽的萝卜花。

逆境，不意味着绝境，更何况还能“置之死地而后生”。是生是死，一切都取决于我们自己。谁能直面人生的惨淡，敢于正视鲜血的淋漓，那么所有的一切对他来说，不过就是一场挫折游戏。

第六章
有信念的人，再难的日子都会度过

漫漫人生，人在旅途，难免会遇到荆棘和坎坷，但风雨过后，一定会有美丽的彩虹。任何时候都要抱有乐观的心态，任何时候都不要丧失信心和希望。失败不是生活的全部，挫折只是人生的插曲。虽然机遇总是飘忽不定，但朋友，只要你坚持，只要你乐观，你就能永远拥有希望，走向幸福。

凭着信念突破生命的极限

如果没有信念，那我们的一生只会碌碌无为。

信念其实并不高深，不过是困境中的一种心理寄托。就像是饥渴时的一个苹果，就算不吃只是看着，也足以让自己度过难耐的时刻；就像是溺水后的一个救生圈，只要牢牢抓住不放，坚定活下去的信心，就一定能看见生的希望。一个坚定自己信念的人，永远也不会被困难吓倒，因为信念是打开枷锁的钥匙，它可以将你从恶劣的现状中解救出来，还你意料之外的圆满结局。

正因为有美好的追求才诞生了无数斑斓的梦想，正因为有坚强的信念才催生了无数坚挺的身影。信念的力量是伟大的，它支持着人们生活，催促着人们奋斗，推动着人们进步，正是它，创造了世界上一个又一个的奇迹。在生命最脆弱的危急时刻，信念能让你爆发出超乎自己想象的力量。

天才小提琴家马莎患有癫痫症，一直以服药控制病情。直到有一天药物都不起作用了，医生无奈之下割除了她的一部分脑叶。之后她动过许多次手术，但奇怪的是，每一次手术都没有影响她的演奏能力。后来医生才发现，原来在马莎很小的时候，她的大脑就已遭到破坏，原脑叶的演奏能力神奇地被其他脑叶所取代。

一个大脑遭到破坏的人竟有如此非凡的成就简直就是一个奇迹，而这个奇迹的创造不能不说是由马莎坚强的信念所支撑而产生的。信念的力量是惊人的，它可以改变恶劣的现状，带给人们无限的希望，缔造令人难以置信的神话。一个没有信念，或者不坚持信念的人，只能平庸地过一生；而一个坚持信念的人，永远也不会被困难击倒。信念是推动一个人走向成功的动力，拥有信念的人永远不会被眼前的困难吓倒，也不会迷失前进的方向，因为他们的心里只有永不放弃的目标。

著名的胡达·克鲁斯老太太在70岁高龄之际才开始学习登山，别人都认为她只不过是闹着玩，她那年迈的身体根本不可能登上多高的山峰。但老太太始终坚信一个人能做什么事不在于年龄的大小，而在于怎么做。她凭着自己坚定的信念，一次次突破生命的极限，最后她成功地登上了几座世界上有名的高山。而且她还在95岁那年，成功登上了日本的富士山，打破了攀登此山年龄的最高纪录。

影响我们人生命运的绝不是环境，而是我们持有什么样的信念。当信念在心中矗立起来时，我们离成功的目标就越来越近了。

事实上，生活中谁都难免遭遇“溺水”的困境。无论遭受多少挫折，无论经历多少困苦，只要一个人的心中不失信念，总有一天，他会突出重围，让生命之花绽放得更加灿烂。

好心态才会有好人生

生活中，经常看到互不相让的争吵场面，也经常听到有人不停地抱怨，要么是工作方面，要么是福利方面，要么是朋友、同事、邻里、婆媳关系方面，其实这些争吵与抱怨完全可以避免。

这就涉及心态和心境的问题。

拥有好心境的人，看别人、看自己都是美丽的；拥有好心境的人，宽容、耐心、细心；拥有好心境的人，有善心、爱心；拥有好心境的人，有好人缘、好前程；拥有好心境的人，积极、乐观。

世界上所有的事情都是客观的，不以人的意志为转移，就算你再痛苦、再难过，也改变不了已经发生的事情。所谓坏，也不过是自己对它下的定义。好的程度、坏的程度，都是你的心衡量出来的，事情对你的影响程度也是你自己用心臆造出来的。你的心的判断，决定了你的态度，决定了你的心情，你的心情又决定了你的生活，决定了你以后做事情的质量。

世间任何事情，你都可以用两种态度去看它，一种是阳光的，另一种是黑暗的。这就像钱币，存在正反两面，这一正一反，就是心态，它完全取决于你的态度。

有不少人，当自己经过一段时间的努力而没有达到预定目标时，便灰心丧气，认为这件事自己永远都办不到，从而忽视了自身力量的壮大和外界条件的改变，于是放弃了努力。久而久之，形成了思维定式，在失败的阴影中走不出来，以致丧失唾手可得的机会，最终一事无成。

阳光的心态会使人快乐向上，充满希望，有朝气；黑暗的心态则使人失落，难过，失去快乐感。你认为自己是什么样的人，你就会成为什么样的人。喜与悲，成和败，仅在一念之间，这一念即是心态，心态决定命运。既然心态如此重要，那么怎样才能保持一种积极向上的心态呢？

想拥有一个好的心态，关键要学会调节自己。最简单有效的做法是：用积极的心理暗示替代消极的心理暗示。当你想说“我不行，我太差劲儿”的时候，要马上替换成“不，我还有希望，我一定能行”。

唯有你自己觉得你能行的时候，一切才会有“行”的可能。

不要丧失信心和希望

“不经历风雨，怎能见彩虹”，任何一次成功的获得都要经过艰辛的奋斗和痛苦的磨炼。

老鹰是世界上寿命最长的鸟类，它可以活到70岁。要活这么长的寿命，它在40岁时就必须做出艰难却重要的决定。

当老鹰活到40岁时，它的爪子开始老化，无法有效地抓住猎物。它的喙变得又长又弯，几乎碰到胸膛。它的翅膀变得十分沉重，因为它的羽毛长得又浓又厚，使得飞翔十分吃力。

它只有两种选择：等死，或经过一个十分痛苦的蜕变过程。

老鹰要经过150天漫长的历练，很努力地飞到山顶，在悬崖上筑巢。停留在那里，不得飞翔。

老鹰首先用它的喙击打岩石，直到喙完全脱落。然后静静地等候新的喙长出来。

它会用新长出的喙把指甲一根一根地拔出来。当新的指甲长出来后，它们便把羽毛一根一根地拔掉。5个月以后，新的羽毛长出来了。这个时候，老鹰才能开始飞翔，重新得到30年的岁月！

在我们的生命中，有时候我们也必须做出艰难的决定，然后才能获得重生。我们必须把旧的习惯、旧的传统抛弃，使我们可以重新飞翔。只要我们愿意放下包袱，愿意学习新的技能，我们就能发挥我们的潜能，创造新的未来。

乔·路易斯，世界十大拳王之一，可以说是历史上最为成功的重量级拳击运动员，在长达 12 年的时间里，他曾经让 25 名拳手败在自己的拳下。

乔·路易斯原名叫乔伊·巴罗斯。自从上学以后，乔伊·巴罗斯就成了同学嘲弄的对象。也难怪，放学后，别的 18 岁的男孩子进行篮球、棒球这些“男子汉”的运动，可乔伊却要去学小提琴！这都是因为巴罗斯太太望子成龙心切。20 世纪初，黑人还很受歧视，母亲希望儿子能通过某种特长改变命运，所以从小就送乔伊去学琴。那时候，对于一个普通家庭来说，每周 50 美分的学费是个不小的开销，但老师说乔伊有天赋，乔伊的妈妈觉得为了孩子的将来，省吃俭用也值得。

但同学不明白这些，他们给乔伊取外号叫“娘娘腔”。一天，乔伊实在忍无可忍，用小提琴狠狠砸向取笑他的家伙。一片混乱中，只听咔嚓一声，小提琴裂成两半儿——这可是妈妈节衣缩食给他买的。泪水在乔伊的眼眶里打转，周围的人一哄而散，边跑边叫：“娘娘腔，拨琴弦的小姑娘……”只有一个同学既没跑，也没笑，他叫瑟斯顿·麦金尼。

别看瑟斯顿长得比同龄人高大魁梧，一脸凶相，其实他是个热心肠的人。虽然还在上学，瑟斯顿已经是底特律“金手套大赛”的卫冕冠军了。“你要想办法长出些肌肉来，这样他们才不敢欺负你。”他对沮丧的乔伊说。瑟斯顿不知道，他的这句话不但改变了乔伊的一生，甚至影响了美国一代人的观念。虽然日后瑟斯顿在拳坛没取得什么惊人的成就，但因为这句话，他的名字被载入拳击史册。

当时，瑟斯顿的想法很简单，就是带乔伊去体育馆练拳击。乔伊抱着摔坏的小提琴跟瑟斯顿来到了体育馆。“我可以先把旧鞋和拳击手套借给你，”瑟斯顿说，“不过，你得先租个衣箱。”租衣箱一周要 50 美分，乔伊口袋里只有妈妈给他这周学琴的 50 美分，不过琴已经坏了，也不可能马上修好，更别说去上课了。乔伊狠狠心租下衣箱，把小提琴放了进去。

开头几天，瑟斯顿只教了乔伊几个简单的动作，让他反复练习。一个礼拜快结束时，瑟斯顿让乔伊到拳击台上来，试着跟他对打。没想到，才第三个回合，乔伊一个简单的直拳就把“金手套”瑟斯顿击倒了。爬起来后，瑟斯顿的第一句话就是：“小子，把你的琴扔了！”

乔伊没有扔掉小提琴，但他发现自己更喜欢拳击，每周 50 美分的小提琴课学费成了拳击课的学费，巴罗斯太太懊恼了一阵后，也只好听之任之。不久乔伊开始参加比赛，渐渐崭露头角。为了不让妈妈为他担心，乔伊悄悄把名字从“乔伊·巴罗斯”改成了“乔·路易斯”。

5 年以后，23 岁的乔已经成为重量级世界拳王。1938 年，他击败了德国拳手施姆林，当时德国在纳粹统治之下，因此乔的胜利意义更加重大，他成了反法西斯者心中的英雄。但巴罗斯太太一直不知道人们说的那个黑人英雄就是自己“不成器”的儿子。

漫漫人生路，人在旅途，难免会遇到荆棘和坎坷，但风雨过后，一定会有美丽的彩虹。任何时候都要抱有乐观的心态，任何时候都不要丧失信心和希望。失败不是生活的全部，挫折只是人生的插曲。虽然机遇总是飘忽不定，但朋友，只要你坚持，只要你乐观，你就能永远拥有希望，走向幸福。

放低姿态，永不满足

《伊索寓言》中有这样一个故事：

有一只狐狸喜欢自夸，也很自大，它以为森林中自己最大。

傍晚，它单独出去散步，走路的时候看见一个映在地上的巨大影子，觉得很奇怪，因为它从来没有见过那么大的影子。后来，它知道是它自己的影子，就非常高兴。它平常就以为自己伟大，有优越感，只是一直找不到证据。

为了证实那影子确实是自己的，它就摇摇头，那个影子的头部也跟着摇动，这证明影子是自己的。它很高兴地跳舞，那影子也跟着它舞动。它继续跳，正得意忘形时，来了一只老虎。狐狸看到老虎也不怕，就拿自己的影子与老虎比较，结果发现自己的影子比老虎大，就不理它，继续跳舞。老虎趁着狐狸跳得得意忘形的时候扑了过去，把它咬死了。

一个人若种植信心，他会收获品德；一个人若种下骄傲的种子，他必收获众叛亲离的果子，甚至带来不可预知的危险，就像那只自夸自大、自我膨胀的狐狸一样。

高傲的姿态，是现代人的通病。大家都想吸引别人的目光，殊不知这目光可能投来善意，也可能投来恶意。越是高调的人，越容易成为众矢之的。老子在《道德经》中说："生而不有，为而不恃，功成而不居。"又说："功成名遂，身退，天之道。"如果成功之后，只知自我陶醉，陶醉于成果之中停滞不前，那就是为自己的成就画了句号。

成功常在辛苦日，败事多因得意时。切记：不要老想着出风头。一个人的成绩都是在他谦虚好学、伏下身子踏实干的时候取得的，一旦骄气上升、自满自足，必然会停止前进的脚步。

有人会说，大凡骄傲者都有点儿本事、有点儿资本。你看，《三国演义》中“失荆州”的关羽和“失街亭”的马谡不是都熟读兵书、立过大功吗？这种说法其实是只看到了事情的表面，而没看到事情的本质。关羽之所以“大意失荆州”，马谡之所以“失街亭”，不正是因为他们自以为“有资本”而铸成的大错吗？

一个人有一点儿能力，取得一些成绩和进步，产生一种满意和喜悦感，这是无可厚非的。但如果这种“满意”发展为“满足”，“喜悦”变为“狂妄”，那就成问题了。这样，已经取得的成绩和进步，将不再是通向新胜利的阶梯和起点，而成为继续前进的包袱和绊脚石，那就会酿成悲剧。

在这个世界上，谁都在为自己的成功拼搏，都想站在成功的巅峰上风光一下。但是成功的路只有一条，那就是放低姿态，不断学习。在通往成功的路上，人们都行色匆匆，有许多人就是在稍一回首、品味成就的时候被别人超越了。因此，有位成功人士的话很值得我们借鉴：“成功的路上没有止境，但永远存在险境；没有满足，却永远存在不足；在成功路上立足的最基本的要点就是学习，学习，再学习。”

迎战人生的各种磨难

生活中，往往再多一点努力和坚持便收获到意想不到的成功，以前做出的种种努力、付出的艰辛，便不会白费。令人感到遗憾和悲哀的是，面对一而再，再而三的失败，多数人选择了放弃，没有再给自己一次机会。

乔治的父亲辛曾经是个拳击冠军，如今年老力衰，病卧在床。有一天，父亲的精神状况不错，对他说了某次赛事的经过。

在一次拳击冠军对抗赛中，他遇到了一位人高马大的对手。因为他的个子相当矮小，一直无法反击，反而被对方击倒，连牙齿也被打出血了。

休息时，教练鼓励他说："辛，别怕，你一定能挺到第12局！"

听了教练的鼓励，他也说："我不怕，我应付得过去！"

于是，在场上他跌倒了又爬起来，爬起来后又被打倒，虽然一直没有反攻的机会，但他却咬紧牙关撑到第12局。

第12局眼看要结束了，对方打得手都发颤了，他发现这是最好的反攻时机。于是，他倾全力给对手一个反击，对手应声倒下，而他则挺过来了，那也是他拳击生涯中的第一枚金牌。

说话间，父亲额上全是汗珠，他紧握着乔治的手，吃力地笑着："不要紧，有一点点痛，我应付得了。"

在人生的海洋中航行，不会永远都一帆风顺，难免会遇到狂风暴雨的袭击。在巨浪滔天的困境中，我们更须坚定信念，随时赋予自己生活的支持力，告诉自己"我应付得了"。当我们有了这份坚定的信念，困难便会在不知不觉中慢慢远离，生活自然会回到风和日丽的宁静与幸福之中。唯有相信自己能克服一切困难，才能激发勇气，迎战人生的各种磨难，最后成就一番大业！记住，只要你有决心克服，就一定能走过人生的低谷。

卡耐基在被问及成功秘诀的时候说道："假使成功只有一个秘诀的话，那应该是坚持。"人生道路中的很多苦难和痛苦都是如此，只要熬过去了，挺住了，就没什么大不了的。

巴顿将军在第二次世界大战后的聚会上说起这么一段经历：当他从西点军校毕业后，入伍接受军事训练。团长在射击场告诉他：打靶的意义在于，哪怕你打偏了99颗子弹，只要有1颗子弹打中靶心，你就会享受到成功的喜悦。

对于实战经验不多的新兵来说，想要枪枪命中靶心是困难的，然而，当巴顿的靶位旁的空子弹壳越来越多时，他就成了富有射击经验的老兵。

战争爆发后，巴顿将军奔波于各个战场，没有安稳感，他一度对生活产生了疑问，觉得自己像一架战争机器，不知道战争究竟要到何年何月才结束。

但这一切仅仅持续了不到7年。这7年里，由于倔强刚烈的个性，巴顿所经历的挫折、失意，曾经那么锋利地一次次伤害过他，令他消沉，后来他才明白：它们只不过是那一大堆空子弹壳。

生活的意义，并不在于你是否在经受挫折和磨炼，也不在于要经受多少挫折和磨炼，而是在于忍耐和坚持不懈。经受挫折和磨炼是射击，瞄准成功的机会也是射击，但是只有经历了99颗子弹的铺垫，才有一枪击中靶心的结果。

只要坚持到底，就一定会成功，人生唯一的失败，就是当你选择放弃的时候。因此，当你处于困境的时候，你应该继续坚持下去，只要你所做的是对的，总有一天成功的大门将为你而开。

查德威尔是第一个成功横渡英吉利海峡的女性，她没有满足，决定从卡塔林岛游到加利福尼亚。旅程十分艰苦，刺骨的海水冻得查德威尔嘴唇发紫。她快坚持不住了，可目的地还不知道有多远，连海岸线都看不到。越想越累，渐渐地，她感到自己的四肢有千斤那么重，自己一点劲都使不上了，于是对陪伴她的船上工作人员说："我快不行了，拉我上船吧！"

"还有一海里就到了啊，再坚持一下吧。"

"我不信，那怎么连海岸线都看不到啊！快拉我上去！"看她那么坚持，工作人员就把她拉了上去。

快艇飞快地往前开去，不到一分钟，加利福尼亚海岸线就出现在眼前了，因为大雾，只能在半海里范围内看得见。

查德威尔后悔莫及，居然离横渡成功只有一海里！为什么不听别人的话，再坚持一下呢？

拿破仑曾经说过："达到目标有两个途径——势力与毅力。势力只有少数人所有，而毅力则属于那些坚韧不拔的人，它的力量会随着时间的推移而变得无可抵抗。"往往，再多一点努力和坚持便能收获到意想不到的成功，以前做出的种种努力，付出的艰辛，便不会白费。令人遗憾和悲哀的是，面对一而再，再而三的失败，多数人选择了放弃，没有再给自己一次机会。所以，无论我们处于什么样的困境，遭遇多大的痛苦，我们都应该激励自己：离成功我只有一海里，只要熬过去就是胜利！

成功需要不屈不挠的精神

虽然屡遭挫折，却能够百折不挠地挺住，这就是成功的秘密。所以，你一定要学会坚强。有了坚强，就有了面对一切痛苦和挫折的能力。

人生是一场面对种种困难的“漫长战役”。早一些让自己懂得痛苦和困难是人生平常的“待遇”，当挫折到来时，应该面对，而不是逃避，这样，你才能早一些坚强起来，成熟起来。以后的人生便会少一些悲哀的气氛，多一些壮丽的色彩。记住，只有顽强的人生才美丽，才精彩。

他是一个神话，一个当代最杰出的理论物理学家，一个科学名义下的巨人……或许，他只是一个坐着轮椅、挑战命运的勇士，他就是——霍金。

史蒂芬·霍金，出生于1942年1月8日，那一天刚好是伽利略逝世300年纪念日。

从童年时代起，运动从来就不是霍金的长项，几乎所有的球类活动他都不行。

进入牛津大学后，霍金注意到自己变得更笨拙了，有一两回没有任何原因地跌倒。一次，他不知何故从楼梯上突然跌下来，当即昏迷，差一点儿死去。

直到1962年霍金在剑桥读研究生后，他的母亲才注意到儿子的异常状况。刚过完20岁生日的霍金在医院里住了两个星期，经过各种检查，他被确诊患上了“卢伽雷氏症”，即运动神经细胞萎缩症。

大夫对他说，他的身体会越来越不听使唤，只有心脏、肺和大脑还能运转，到最后，心和肺也会衰竭。霍金被“宣判”只剩两年的生命。那是在1963年。

霍金的病情渐渐加重。1970年，在学术上声誉日隆的霍金已无法自己走动，他开始使用轮椅。直到离世，他再也没离开它。

永远坐进轮椅的霍金，极其顽强地工作和生活着。

一次，霍金坐轮椅回柏林公寓，过马路时被小汽车撞倒，左臂骨折，头被划破，缝了13针，但48小时后，他又回到办公室投入工作。

虽然身体的残疾日益严重，霍金却力图像普通人一样生活，完成自己所能做的任何事情。他甚至是活泼好动的——这听来有点不可思议，在他已经完全无法移动之后，他仍然坚持用唯一可以活动的手指驱动着轮椅在前往办公室的路上“横冲直撞”；在莫斯科的饭店中，他建议大家来跳舞，他在大厅里转动轮椅的身影真是一大奇景；当他与查尔斯王子会晤时，旋转自己的轮椅来炫耀，结果轧到了查尔斯王子的脚指头。

当然，霍金也尝到过“自由”行动的恶果，这位量子引力的大师级人物，多次在微弱的地球引力下，摔下轮椅，幸运的是，每一次他都顽强地重新“站”了起来。

1985年，霍金动了一次穿气管手术，从此完全失去了说话的能力，只能用三个指头和外界交流。他就是在这样的情况下，极其艰难地写出了著名的《时间简史》，探索着宇宙的起源。

霍金的科普著作《时间简史——从大爆炸到黑洞》在全世界的销量已经高达2500万册，从1988年出版以来一直雄踞畅销书榜，创下了畅销书的一个世界纪录。

霍金的故事告诉人们，是否具有不屈不挠的精神，或许是取得成就的最大因素。虽然大家都觉得他非常不幸，但他在科学上的成就却是他在病发后获得的。他凭着坚毅不屈的意志，战胜了疾病，创造了一个奇迹，也证明了残疾并非成功的障碍。

多一份磨砺，多一份强大

每个人都有梦想，也曾为之而努力过、奋斗过，但是很多人却因为没有一颗坚强的心和持之以恒的毅力，只能给自己的人生留下深深的遗憾。所以，我们要想成就一番事业，要想实现自己的梦想和追求，就必须努力为自己打造一颗坚强的心。

对于一个人来说，最有用的财富不是金钱名利，也不是人际资源，而是一颗坚强的心。

一个农民，初中只读了两年，家里就没钱继续供他上学了。他辍学回家，帮父亲耕种三亩薄田。在他 19 岁时，父亲去世了，家庭的重担全部压在了他的肩上。他要照顾身体不好的母亲和瘫痪在床的祖母。

20 世纪 80 年代，农田承包到户。他把一块水洼挖成池塘，想养鱼。但乡里的干部告诉他，水田不能养鱼，只能种庄稼，他只好又把水塘填平。

听说养鸡能赚钱，他向亲戚借了 500 元钱，养起了鸡。但是一场洪水后，鸡得了鸡瘟，几天内全部死光。500 元对别人来说可能不算什么，但对一个只靠三亩薄田生活的家庭而言，不啻天文数字。他的母亲受不了这个刺激，竟然忧郁而死。

后来他酿过酒，捕过鱼，甚至还在石矿的悬崖上帮人打过炮眼……可都没有赚到钱。

35 岁的时候，他还没有娶到媳妇。即使是离异的有孩子的女人也看不上他。因为他只有一间土屋，随时有可能在一场大雨后倒塌。娶不上老婆的男人，在农村是会被人看不起的。

但他还想搏一搏，就四处借钱买了一辆手扶拖拉机。不料，上路不到半个月，这辆拖拉机就载着他冲入一条河里。他断了一条腿，成了瘸子。而那拖拉机，被人捞起来，已经支离破碎，他只能拆开它，当作废铁卖。

几乎所有的人都说他这辈子完了。但是后来他却成了南方一个大城市里一家大公司的老板，手中有数亿元的资产。

现在，许多人知道了他苦难的过去和富有传奇色彩的创业经历。许多媒体采访过他，许多报告文学描述过他。其中一个访谈令人印象深刻：

记者问他："在苦难的日子里，你凭什么一次又一次毫不退缩？"

他坐在宽大豪华的老板台后面，喝完了手里的一杯水。然后，他把玻璃杯子握在手里，反问记者："如果我松手，这只杯子会怎样？"

记者说："杯子摔在地上，肯定碎了。"

"那我们试试看。"他说。

他手一松，杯子掉到地上发出清脆的声音，但并没有破碎，完好无损。

他说："即使有10个人在场，他们都会认为这只杯子必碎无疑。但是，这只杯子不是普通的玻璃杯，而是用玻璃钢制作的。我之所以能战胜苦难，就因为我有一颗坚强的心。"

这样的人，即使只有一口气，他也会努力去拉住成功的手。如果他不能成功，那么还有谁能成功呢？

所以，我们要想成就一番事业，要想实现自己的梦想和追求，就必须努力为自己打造一颗坚强的心。不管通向成功的道路是阳光灿烂，还是风雨兼程，我们都要始终保持这颗坚强的心，不得有半点的懈怠和屈服。相信吧，阳光总在风雨后，经历了风风雨雨、大风大浪、坎坎坷坷之后，再回味自己来之不易的成功的时候，那一定是人世间最幸福的时刻。

耐心地完成每一次重复性工作

“业精于勤，荒于嬉”，技艺的精巧是通过反复勤奋地练习修来的。要做到勤奋确实非常不容易，因为反复地做同一件事情，对我们来说实在太枯燥了，但是我们应该耐心地做好。只要努力地做好每一次重复，相信终会大有所成。

颜真卿非常喜爱书法艺术，他起初师从名家褚遂良学习书法艺术，为了摄取众家之长，后来颜真卿又拜在张旭门下。张旭是一位极有个性的书法大家，因他常喝得大醉，呼叫狂走，然后落笔成书，甚至以头发蘸墨书写，故又有“张颠”的雅称，是唐代首屈一指的大书法家，兼擅各体，尤其擅长草书，被誉为“草圣”。颜真卿希望在这位名师的指点下，能学到写字的窍门，从而在书法上能有所成就。

但拜师后的颜真卿，却没有半点参透老师张旭的书法秘诀，因为张旭只是给他介绍一些名家字帖，简单地指点一下各家字帖的特点后，就让颜真卿自己临摹。有的时候，只是在旁边看着张旭泼墨。就这样几个月过去了，颜真卿依然没有得到张旭的书法秘诀，心里有些着急了，觉得老师张旭有藏技之嫌，他决定直接向老师提出要求。一天，颜真卿壮着胆子，红着脸说：“学生有一事相求，恳请老师将书法秘诀倾囊相授。”张旭回答说：“学习书法，一要‘工学’，即勤学苦练；二要‘领悟’，即从自然万象中接受启发。这些我不是多次告诉过你了吗?”颜真卿听了，认为这并不是他想听到的书法秘诀，于是又向前一步，施礼恳求道：“老师说的‘工学’‘领悟’，这些道理我都知道，我现在最需要的是行笔落墨的绝技秘方，恳请老师赐教。”

张旭听了这些话，知道他有些急躁了，便耐着性子开导颜真卿：“我是见公主与担夫争路而察笔法之意，见公孙大娘舞剑而得落笔神韵，除了勤学苦练就是观察自然，别的没什么诀窍。”最后又严肃地说，“学习书法要说有什么‘秘诀’的话，那就是勤学苦练。要知道，不下苦功的人，是不会有任何成就的。”老师的教诲，使颜真卿大受启发，他真正明白了为学之道。从此，他扎扎实实勤学苦练，潜心钻研，从生活中领悟运笔神韵，进步神速，终成为一位大书法家。颜真卿的字端庄正雅，被称为“颜体”，与柳公权的“柳体”并称于世，而“颜筋柳骨”也成为后世典范。

要想写好字，就必须反复不断地重复着“点、横、竖、撇、捺、钩……”的练习，从古至今的大书法家钟繇、王羲之、王献之、褚遂良、智永、怀素等，未尝不是如此。

钟会来到父亲的卧榻前，最后一次聆听父亲钟繇的教诲。弥留之际的钟繇交给他一部书法秘术，并且将自己刻苦练习的故事告诉钟会予以勉励。钟繇用了30余年心血，一直致力于学习书法。他主要从蔡邕的书法技巧中掌握了写字要领。在练习的过程中，不分昼夜，不论场合，有空就写，有机会就练。与人坐在一起谈天，就在周围地上练习。晚上休息，则以被子做纸张，结果时间长了被子竟被划了个大窟窿。

王羲之醉心练字，就连平常走路的时候，也随时用手指比画着练字，日子一久，衣服竟被划破。经过这样一番勤学苦练，王羲之的书法才得以精进，被后世称为“书圣”。

王献之师承父亲王羲之，造诣相当高。从晋末至梁代的一个半世纪里，他的影响甚至超过了其父王羲之。王献之在书法上有如此成就，与他的勤奋练字是分不开的。据说王献之练字用掉了18缸水。

褚遂良苦练书法，相传他因勤于书法，常到居室前面的池塘里清洗毛笔，久而久之，池塘里的水都成了黑色。勤奋的褚遂良书法技艺精进，与欧阳询、虞世南、薛稷并称为“初唐四大书法家”。

怀素的草书称为“狂草”，用笔圆劲有力，使转如环，奔放流畅，一气呵成，和张旭并称“张颠素狂”。怀素勤学苦练的精神也是十分惊人。因为买不起纸张，怀素就找来一块木板和圆盘，涂上白漆书写。后来，怀素觉得漆板光滑，不易着墨，在寺院附近的一块荒地上，种植了一万多株芭蕉树。芭蕉长大后，他摘下芭叶，铺在桌上，临帖挥毫。怀素这样没日没夜地练字，老芭蕉叶被摘光了，小叶又舍不得摘，于是想了个办法，干脆带了笔墨站在芭蕉树前，对着鲜叶书写，烈日不断，风雨无阻，从未间断。

王羲之的第七世孙智永和尚是严守家法的大书法家。他习字很刻苦，冯武《书法正传》说他住在吴兴永欣寺，几十年不下楼，临了800多本《千字文》，给江东诸寺各送一本。智永还在屋内备了数支容量为一石多的大簏子，练字时，笔头写秃了，就取下丢进簏子里。日子久了，破笔头竟积了10大簏。后来，智永便在空地挖了一个深坑，把所有破笔头都埋在坑里，砌成坟冢，并称之为“退笔冢”。

这些大书法家无一不是经过勤学苦练，耐心完成一次又一次地重复才终有所成的。其他的技艺不同样要求如此吗？纪昌射箭，文王演《周易》，伯牙水禽操、达·芬奇画蛋，等等，都是耐心完成一次次的重复才取得成功的。

有的人因为不断重复而感到枯燥而厌烦，有的人因为稍微取得了一些成就就不再重复下去，甚至有的人一开始就自命不凡，等闲地对待这简单的重复。这样的人怎能取得大的成就？因此务必静下心来，耐心对待每一次重复。

第七章
心可以高飞，脚要植根于勤奋的土地

一个人要取得成功，固然与个人的天赋、环境、机遇、学识等因素有很大关系，但更重要的是自身的勤奋与努力。勤奋的劳动是成功的必经之路，幸福生活需要靠自己勤劳的双手去实现。勤劳是人们最宝贵的财富，是永不枯竭的财富之源。

做事越急越不会成功

在现实生活中，常有人犯浮躁的毛病。他们做事往往既无准备，又无计划，只凭脑子一热、兴头一来就动手去干。他们不是循序渐进地稳步向前，而是恨不得一锹挖成一眼井，一口吃成胖子。结果呢，必然是事与愿违，欲速则不达。

古时候有兄弟二人，很有孝心，每日上山砍柴卖钱为母亲治病。神仙为了帮助他们，便教他们二人，可用4月的小麦、8月的高粱、9月的稻、10月的豆、12月的雪，放在千年泥做成的大缸内密封49天，待鸡叫3遍后取出，汁水可卖钱。兄弟二人各按神仙教的办法做了一缸。待到49天鸡叫2遍时，老大耐不住性子打开缸，一看里面是又臭又黑的水，便生气地洒在地上。老二坚持到鸡叫3遍后才揭开缸盖，里边是又香又醇的酒，所以，“酒”与“洒”字差了一横。

当然，“酒”字的来历未必是这样。但这个故事却说明了一个深刻的道理：成功与失败、平凡与伟大，它们之间的距离往往就在一步之间，咬紧牙关向前迈一步就成功了；停住了，泄气了，只能是前功尽弃。这一步就是韧劲的较量，是意志力的较量。

我们的社会，已进入改革的攻坚时期，出现了许多新鲜的外来事物。花花世界的花花事物，难免会对人产生极大的诱惑，而这极大的诱惑，会使人变得浮躁。许多人会想：我为什么不能拥有这些东西呢？别人可以拥有，我为什么不可以呢？

在这样的心态之下，他就浮躁起来，很想自己一下子能得到那么多物质上的东西，能享受到自己以前享受不到的东西。

可是，事情就是这样，你越着急，就越不会成功。因为着急会使你失去清醒的头脑，结果，在你的奋斗过程中，浮躁占据着你的思维，使你不能正确地制定方针、策略以稳步前进。结果呢，自然适得其反。

许多年轻人就是这样，给自己确立了“3 年计划”“5 年计划”，下定决心要在 3 年内赚 3000 万，5 年内成为一个亿万富豪。

这些年轻人之所以制订这样的计划，也许，他们心目中的学习榜样是李嘉诚。可他们却忘了，李嘉诚之所以成功，不是靠什么 3 年计划、5 年计划，他是一步一个脚印，通过几十年而绝不仅仅是几年的奋斗得来的，而他的奋斗也是充满了艰辛与坎坷的。这些艰辛与坎坷，说起来好像挺轻松，一下子就过去了，而渡过这些艰辛与坎坷，是需要多大的毅力与意志！浮躁的人，是不会这么细心地去品味这些滋味的，也许，他们一尝到这样的滋味，就马上退却了。而李嘉诚，作为一个稳健的人，他深知，这样的苦难是必定经受的，只有经受这些苦难才能品尝最终的甜美。

一个不浮躁的、稳健的人，通常也是一个不断地要求自己、完善自己、使自己不断适应时代与社会变革的人。也只有这样的人，才是最终取得成功的人。

浮躁与稳健对于一个人成败的影响，一目了然。只有不浮躁，才吃得了成功路上的苦；只有不浮躁，才有耐心与毅力一步一个脚印地向前迈进；只有不浮躁，才会制定一个接一个的小目标，然后一个接一个地实现，最后走向大目标；只有不浮躁，才不会因为各种诱惑而迷失方向。

勤奋能创造最好的自己

勤奋能塑造卓越的伟人，也能创造最好的自己。大凡有作为的人，无一不与勤奋有着深厚的缘分。

古人说得好："一勤天下无难事。"爱因斯坦曾经说过："在天才和勤奋之间，我毫不迟疑地选择勤奋，它几乎是世界上一切成就的催化剂。"高尔基还有这么一句话："天才出于勤奋。"卡莱尔更激励我们说："天才就是无止境刻苦勤奋的能力。"

古今中外著名的思想家、科学家、艺术家，他们无一不是通过勤奋耕作才走向成功的。

1601 年的一个傍晚，丹麦天文学家第谷·布拉赫卧在床上，生命已经垂危。他的学生德国天文学家开普勒坐在一张矮凳上，倾听着老师临终的话："我一生以观察星辰为工作，我的目标是 1000 颗星，现在我只观察到 750 颗星。我把我的一切底稿都交给你，你把我的观察结果出版出来……你不会让我失望吧？"

开普勒静静地坐着，点了点头，眼泪从脸颊上流下来。

为了不辜负老师的嘱托，开普勒开始勤奋工作。但是他的继承引起了布拉赫亲戚们的妒忌，不久，他们合伙把作为遗产的底稿全部收了回去。无情的挫折没能使开普勒屈服，他日夜牢记着老师的托付"我的目标是 1000 颗星"。开普勒顽强地进行实地观测，每天只睡几个小时，吃住都在望远镜边，开始了枯燥单调的天文工作。751，752，753……20 多年过去了，终于在 1627 年，开普勒实现了老师的遗愿。

天才出自勤奋，伟大来自平凡的努力，没有人能随随便便成功。没有细致耐心的勤奋工作，就不会有大的成就。

所谓勤，就是要人们善于珍惜时间，勤于学习，勤于思考，勤于探索，勤于实践，勤于总结。古今中外，凡有建树者，在其历史的每一页上，无不都用辛勤的汗水写着一个闪光的大字——“勤”。

德国伟大诗人、小说家和戏剧家歌德，前后花了 58 年的时间，收集了大量的材料，写出了对世界文学和思想界产生很大影响的诗剧《浮士德》。

马克思写《资本论》，辛勤劳动，艰苦奋斗了 40 年，阅读了数量惊人的书籍和刊物，其中做过笔记的就有 1500 种以上。

我国著名的数学家陈景润，在攀登数学高峰的道路上，翻阅了国内外相关的上千本资料，通宵达旦地看书学习，取得了震惊世界的成就。

有人说过：“天才之所以能成为天才，只不过是因为他们比一般人更专注、更勤奋罢了。”的确，没有人能只依靠天分成功。上天只能给人天分，只有勤奋才能将天分变为天才。

任何一项成就的取得，都是与勤奋分不开的，古今中外，概莫能外。伟大的成功和辛勤的劳动是成正比的，有一分劳动就有一分收获，日积月累，从少到多，奇迹就可以创造出来。

一分辛苦一分才

“雄鹰可以到达金字塔的塔尖，蜗牛同样也可以。”雄鹰的资质极佳得天独厚，要达到金字塔的顶点当然比资质平庸的蜗牛容易得多。但这并不意味着鹰不需要勤奋努力、艰苦磨炼就能轻易做到，须知在华丽的飞翔背后，是一个何等残酷的磨炼。

当一只幼鹰出生几天后，就要接受母鹰的训练。在母鹰的帮助下，经过成百上千次训练后的幼鹰就能独自飞翔。如果你认为这样就可以的话那就错了，事情远没有这么简单，这只是第一步。接着母鹰会把幼鹰带到悬崖上，把它们推下去，许多幼鹰因为胆怯而被母鹰活活摔死，但没有经过这样的历练是无法翱翔蓝天的。通过两关训练的幼鹰接下来面临的是最为关键、最为艰难的考验。幼鹰正在成长的翅膀会被母鹰折断大部分骨骼，并且会再次被从高处推下，能忍住痛苦振翅而起才算拥有蓝天。

诚然，世界上没有两个完全一样的人，人与人之间充满了差异，有的人资质好，而有的人却显得平庸得多。我们资质差，但这并不妨碍我们用辛勤的脚步走向成功。

德摩斯梯尼，古雅典雄辩家、政治家，一生积极从事政治活动，极力反对马其顿入侵希腊，后在雅典组织反马其顿运动中壮烈牺牲。

当时，在雄辩术高度发达的雅典，无论是在法庭、广场，还是公民大会上，经常会有经验丰富的演说家辩论。听众的要求也非常高，甚至到了挑剔的程度。演说者一个不适当的词，或是一个难看的手势和动作，都会引来讥讽和嘲笑。

德摩斯梯尼天生口吃，嗓音微弱，还有耸肩的坏习惯。在这些高标准、严要求的听众看来，他似乎没有一点当演说家的天赋。因为在当时的雅典，一名出色的演说家必须声音洪亮、发音清晰、姿势优美而且富有辩才。德摩斯梯尼最初的演说是非常糟糕的，由于口吃结巴、发音不清、论证无力，多次被轰下讲坛。为了成为卓越的演说家，德摩斯梯尼此后做了超乎常人的努力，进行了异常刻苦的学习和训练。德摩斯梯尼终日不断刻苦读书学习，据说，他把《伯罗奔尼撒战争史》抄写了8遍；除了学习历史，德摩斯梯尼还虚心向著名的演说家请教发音的方法；为了克服口吃的毛病，每次朗读时都放一块小石头在嘴里，迎着大风、面对着波涛练习；为了改掉气短的毛病，他一边在陡峭的山路上攀登，一边不停地吟诗朗诵；为了改善演讲时的面部表情，他在家里装了一面大镜子，每天不停地对着镜子练习演说；为了改掉说话耸肩的坏习惯，他在头顶上悬挂一柄剑，或悬挂一把铁叉；他把自己剃成阴阳头，以便能安心躲起来练习演说……

德摩斯梯尼不仅在发音上进行改善，而且努力提高政治、文学修养。他研究古希腊的诗歌、神话，背诵优秀的悲剧和喜剧，探讨著名历史学家的文体和风格。柏拉图是当时公认的独具风格的演讲大师，他的每次演讲，德摩斯梯尼都去聆听，并用心琢磨，学习大师的演讲技巧……

经过10多年的磨炼，德摩斯梯尼终于成为一位出色的演说家，他的著名的演说为他带来了不朽的声誉，并且取得了很大成就。他的演说词结集出版，成为古代雄辩术的典范。

公元前330年，雅典政治家泰西凡鉴于德摩斯梯尼对国家所做的贡献，建议授其金冠荣誉。德摩斯梯尼的政敌埃斯吉尼反对此种做法，认为不符合法律。为此，德摩斯梯尼与埃斯吉尼展开了一场公开辩论。在此次辩论中，德摩斯梯尼用事实证明了自己当之无愧。最后，泰西凡的建议得以通过，授予德摩斯梯尼金冠。

德摩斯梯尼的资质非常差，然而他付出了“嘴含石块”“头悬铁剑”等诸多辛勤努力，终于成了一位伟大的辩论家和政治家。

“勤能补拙是良训，一分辛苦一分才”，只要付出，相信总会有回报的。

晚清四大名臣之一的曾国藩，读书资质也非常差，差到让一个到他家行窃的小偷都鄙夷程度。一天，曾国藩在家读书，始终在朗读一篇文章，读了又背，背了又读。如此反反复复，始终没有把它背下来。

偏巧，这时候一个小偷偷到曾国藩的家里了。小偷见有人在背书，为了不被发现，就先潜伏在屋顶上，等所有人都睡熟了之后再行窃。可没想到，这个“酸腐”的读书人一直在那儿吟吟哦哦地读着文章，大有欲罢不能的态势。这个小偷看见这种架势，于是愤怒地跳出来指着妨碍他行窃的曾国藩责骂道：“你这榆木疙瘩般的脑子，还读个什么书啊?”说完，小偷将曾国藩一直反复朗读的文章一字不落地背了下来，然后扬长而去，使尚未回过神来的曾国藩在房中惊愕不已。

曾国藩的这番际遇也算得上是“千古奇遇”了。无疑，这个小偷的资质比曾国藩高，然而曾国藩却成了历史上颇有影响力的人物，靠的就是那“不断反复”的勤奋刻苦的精神。而贼始终是贼，因为他不肯付出努力，想不劳而获。

雄鹰资质再好，如果不去搏击风雨，退化的羽翼反而成为负担；蜗牛再慢，只要勤奋努力，一步步也能爬上金字塔的顶端。

勤奋能击败苦难

许多年轻人在遭遇挫折与失败后，环顾周围一切，想到自己没有他人提携相助，身无长物，没有资金傍身，运气也不站在自己这一边，相伴的只有接踵而至的苦难，看自己茕茕形孑立，形影相吊，不禁黯然神伤，自怨自艾、自哀自怜，然后在孤独的夜里独自舔舐那苦难留下的伤口。然而，“生活不是林黛玉，并不会因为忧伤风情万种”。

有个街头艺人，虽然才40多岁，却看起来像80岁。整个人瘦骨嶙峋，看不到一点生气，形容枯槁，去医院，被诊断为肝癌晚期，已时日无多。临终前，把年仅16岁的独子叫到身边，“人之将死，其言也善”，他嘱咐儿子：“你要好好念书，不可像我一样，年轻时不肯努力，终日蹉跎岁月，以致老无所成。我年轻时好勇斗狠，日夜颠倒，抽烟喝酒，正值壮年就得了绝症。这些你要引以为戒，可别走我的老路。我没什么可以送给你，就送你两个字——勤奋。”

他的儿子没有记住他的话。长大后的他经常在酒场、赌场厮混，打架闹事。有一次与客人发生冲突，因冲突过于激烈，以致失手将人打死。为此，他被捕坐牢，度过了几年牢狱生活。刑满出狱后，物是人非，周围的一切都变得陌生了。可能觉得自己不再适合“闯荡江湖”了，他决定痛改前非。发现不能走老路的他想找一份正当的工作来做，可又苦于身无一技之长，只好下定决心，回到乡下，做些杂工以维持生计。

由于他年轻时的无端蹉跎，到知天命之年才成家。年事渐长，经历过一番风雨的他似乎渐渐懂得了父亲临死前交代的话。如果你认为他明白了“亡羊补牢，为时未晚”的道理的话，那就错了。他感觉自己体力一天不如一天，一年不如一年，面对无法支撑起来的家，心里充满着无限的悔恨与悲伤，然后在悲伤悔恨中自哀，然而仅此而已。悔恨不已的他每日只知道借酒浇愁，就这样浑浑噩噩地过完一生。

悔恨与悲伤对眼前的境况不能起到任何的改善作用，反而会让人堕入其中，从而丧失了前进的动力，然后浑浑噩噩以终日。要想取得成功，获得幸福生活，勤劳的双手才是保障。只要我们拥有勤奋的精神，就能击败苦难，赢得成功。

美国小说家马修斯说：“勤奋工作是我们心灵的修复剂，是对付愤懑、忧郁症、情绪低落、懒散的最好武器。有谁见过一个精力旺盛且生活充实的人会苦恼不堪、可怜巴巴呢?”勤奋的人懂得在苦难中奋起，用汗水换回幸福。

李嘉诚说：“我 17 岁开始做批发的推销员，就更加体会到了挣钱的不容易，生活的艰辛。人家做 8 个小时，我就做 16 个小时。”李嘉诚能站在华人富豪的巅峰，与他这种辛勤努力是分不开的。

因此我们要取得成功，获得幸福生活，顾影自怜是不会有效果的，只有用自己辛勤的双手才能缔造幸福的明天。所以，面对悲惨的现实，不要沉浸其中，行动起来吧，用辛勤的劳动去撕破悲伤交织的网。

面对苦难，自哀自怜是没有任何用处的，勤劳才是治疗疾病与悲惨的最佳秘方。

克服懒惰才能免于毁灭

萧伯纳说："懒惰就像一把锁，锁住了知识的仓库，使你的智力变得匮乏。"懒惰就像是一种精神腐蚀剂，使人变得萎靡不振。懒惰的人好逸恶劳，即便是力所能及的事情也不愿意动手去做，妄图坐享其成。能力是修炼出来的，凡事都袖手旁观，自身的能力就会退化。

因此，颜之推在《颜氏家训》中告诫自己的子孙说："天下事以难而废者十之一，以惰而废者十之九。""天下无难事，只怕有心人"，勤奋用心的人不会因为事情的艰难而放弃成功的希望；懒惰才是失败的主要原因，因为懒惰会让人的智力变得贫乏，能力变得平庸。

好逸恶劳乃是万恶之源，懒惰会吞噬一个人的心灵。对于任何一个人来说，懒惰都是一种堕落的、具有毁灭性的腐蚀剂。比尔·盖茨说："懒惰、好逸恶劳乃是万恶之源，懒惰会吞噬一个人的心灵，就像灰尘可以使铁生锈一样，懒惰可以轻而易举地毁掉一个人，乃至一个民族。"

一旦染上了懒惰的习性，就等于为自己掘下了坟墓。毫无疑问，懒惰者是不能成大事的，因为懒惰的人总是贪图安逸，遇到一点风险就裹足不前；而且生性懒惰的人还缺乏吃苦实干的精神，总想着天上掉下来馅饼。这种人不可能在社会生活中成为成功者，他们永远是失败者。

人总有不劳而获的思想，克服懒惰才能免于毁灭，而付出辛勤的劳动是唯一的方法。英国哲学家穆勒认为："无论王侯、贵族、君主，还是普通市民都具有这个特点，人们总想尽力享受劳动成果，却不愿从事艰苦的劳动。懒惰、好逸恶劳这种本性是如此的根深蒂固、普遍存在，以至人们为这种本性所驱使，往往不惜毁灭其他的民族，乃至整个社会。为了维持社会的和谐、统一，往往需要一种强制力量来迫使人们克服懒惰这一习性，从而不断地劳动。”

一位哲学家看到自己的几个学生并不是很认真地听他讲课，而且学生们对自己将来要做什么也模糊不清，于是，哲学家打算给学生上一节特别的课。

一天，哲学家带着自己的学生来到了一片荒芜的田地，田地里杂草丛生。哲学家指着田里的杂草说：“如果要除掉田里的杂草，最好的方法是什么呢?”学生们觉得很惊讶，难道这就是要上的最重要的一堂课吗?学生们纷纷提出了自己的意见。

一位学生想了想，对哲学家说：“老师，我有个简便快捷的方法，用火来烧，这样很节省人力。”哲学家听了，点点头。另一个学生说：“老师，我们能够用几把镰刀将杂草清除掉。”哲学家也同样微笑地点点头。第三位学生说：“这个很简单，去买点除草的药，喷上就可以了。”听完学生的意见，哲学家便对他们说道：“好吧，就按照你们的方法去做吧。4 个月后，我们再回到这个地方看看吧!”学生们于是将这块田地分成了 3 块，各自按照自己的方法去除草。用火烧的，虽然很快就将杂草烧了，可是过了一周，杂草又开始发芽了；用镰刀割的，花了 4 天的时间，累得腰酸背疼，终于将杂草清除一空，看上去很干净了，可是没过几天，又有新的杂草冒了出来；喷洒农药的，只是除掉了杂草裸露在地面上的部分，根本无法消灭杂草，几个学生失望地离开了。

4个月过去了，哲学家和学生们又来到了自己辛苦工作过的田地。学生们惊讶地发现，曾经杂草丛生的荒芜田地现在已经变成了一块长满水稻的庄稼地。学生们脸上露出了不解的神情。哲学家微笑着告诉他的学生：要除掉杂草，最好的办法就是在杂草地上种上有用的植物。学生们会心地笑了，这确实是一次不寻常的人生之课。

对付懒惰，辛勤的劳动才是克敌之道。确实，想拥有却不付出劳动，这是懦夫的表现。无论多么美好的东西，人们只有付出相应的劳动和汗水，才能懂得这美好的东西是多么来之不易，因而愈加珍惜它，人们才能从这种拥有中享受到快乐和幸福，这是一个万古不变的道理。不是用自己的劳动和汗水换来的东西，你没有为它付出代价，你就不配享用它。生活就是劳动，劳动就是生活，懒惰将会使人误入失败的深渊。懒惰会使人陷入毁败的境地，只有辛勤的劳动才能创造生活，给人们带来幸福和欢乐。

拥有勤劳才能拥有财富

社会的财富是勤劳人创造出来的，物质产品、精神产品概莫能外。早在17世纪，英国的经济学家威廉·配第就指出："土地是财富之母，劳动是财富之父。"财富是勤劳的人所拥有的，只要我们拥有勤劳，那么我们就拥有财富。

在地中海的一个岛国里，农民们都致力于种植葡萄。有一个勤劳的农夫，他每天都勤勤恳恳地在葡萄园里劳动，他种出的葡萄酿的酒是最甜美的，他的葡萄园因此远近闻名。可是勤劳的农夫有一块心病，那就是他有4个不成器的孩子。他们非常懒惰，无论农夫怎么教育，总是不肯劳动。由于他们不愁吃喝，因此养成了好吃懒做的习惯。又因为兄弟人多，干活的时候，他们总是相互推诿。终于，农夫老得干不动农活了。他病倒在床上，再也无法支撑起他的葡萄园了。眼看着他苦心经营的葡萄园一天天荒芜，农夫心里非常担忧。

农夫知道自己不久就要离开人世了，他一直在考虑一个问题：如何使儿子们明白劳动致富的道理呢？焦虑更是加重了他的病情。一天，农夫的一位好友来看望他，这位朋友给农夫出了一个好主意。第二天，农夫把4个儿子叫到床前，对他们说："我不久就要死了，我必须告诉你们一个秘密。在我们家的葡萄园里，我埋了几箱财宝，就埋在……"话还没说完，农夫就咽气了。办完了父亲的丧事，4个儿子就开始到葡萄园里寻找父亲埋的财宝。

由于农夫病倒多日，葡萄园已经杂草丛生了。为了寻找财宝，儿子们带着工具出发了。大儿子拿着铁锹，由园中心开始挖，杂草都除掉了，土翻得很深，地也翻松了，可是怎么也没找到他们要找的宝藏。二儿子牵着一头牛，套上犁，把整个园子从头到尾犁了一遍，结果同样一无所获。三儿子扛上锄头，在园的四角挖掘，挖得极深，结果把泉眼给打出来了，清澈的泉水滋润了整个葡萄园，那些即将干枯的葡萄藤又开始变绿。可是三儿子也没找到财宝，四儿子也出动了，他既用铁锄又用铁铲，但还是一无所获。4个儿子虽然没有挖到财宝，但把葡萄园里的土地翻得又松软又平整，加上三儿子打出的几个泉眼，园里的葡萄茁壮成长，比往年的收成还要好，葡萄成熟了，4个儿子把葡萄运到城里去卖，路上遇见了农夫的那位朋友。他看到满车的葡萄，感到特别欣慰，并告诉农夫的4个儿子说："其实，你们的父亲并没有在园子里埋什么财宝，财宝来自勤劳的双手。"4个儿子终于明白了父亲的苦心。

只有辛勤劳动，才会有丰厚的回报。即使再优良的葡萄庄园，没有经过辛勤汗水的浇灌，终究也是会杂草丛生、一片荒芜。传说中的点石成金之术并不存在，而在劳动中获得财富才是最正确的途径。

美国著名作家杰克·伦敦在19岁以前，没有进过中学。但他非常勤奋，通过不懈的努力，使自己成为一个文学巨匠。杰克·伦敦的童年生活充满了贫困与艰难，他整天在旧金山海湾附近游荡。说起学校，他不屑一顾。不过有一天，他漫不经心地走进一家公共图书馆内，读起名著《鲁滨孙漂流记》时，他看得如痴如醉，并受到了深深的震动。在看这本书时，饥肠辘辘的他竟然舍不得中途停下来回家吃饭。第二天，他又跑到图书馆去看别的书，一个新的世界展现在他的面前——一个如同《天方夜谭》中巴格达一样奇异美妙的世界。从这以后，他变得酷爱读书了。一天中，他读书的时间达到了10～15小时，从荷马到莎士比亚，从赫伯特斯宾基到马克思等人的所有著作，他都如饥似渴地读着。

19岁时，他决定停止以前靠体力劳动吃饭的生涯，改成以脑力谋生。他厌倦了流浪的生活，他不愿再挨警察无情的拳头，他也不甘心让铁路的工头用灯按自己的脑袋。于是，就在他19岁时，他进入加利福尼亚州的奥克德中学。他不分昼夜地用功，从来就没有好好地睡过一觉。天道酬勤，他也因此有了显著的进步，只用了3个月的时间就把4年的课程读完，通过考试后，他进入了加州大学。他渴望成为一名伟大的作家。在这一雄心的驱使下，他一遍又一遍地读《金银岛》《基督山伯爵》《双城记》等书，之后就拼命地写作。他每天写5000字，也就是说，他可以用20天的时间完成一部长篇小说。他有时会一口气给编辑们寄出30篇小说，但它们统统被退了回来。但是他没有气馁，后来他写了一篇名为《海岸外的飓风》的小说，这篇小说获得了《旧金山呼声》杂志所举办的征文比赛头奖，但他只得到了20美元的稿费。5年后的1903年，他有6部长篇以及125部短篇小说问世。他成了美国文学界最为知名的人物之一。

“成事在勤，谋事忌惰。”杰克·伦敦的经历一点都不让我们感到惊讶，一个人的成就和他的勤奋程度永远是成正比的。试想，如果杰克·伦敦不是那么勤奋，写作不是那样废寝忘食，他绝对不会取得日后的成就。

一个人要取得成功，固然与个人的天赋、环境、机遇、学识等因素有很大关系，但更重要的是自身的勤奋与努力。勤奋的劳动是成功的必经之路，幸福生活要靠自己勤劳的双手去实现。勤劳是人们最宝贵的财富，是永不枯竭的财富之源。

找准自我，不懈努力

我们经常听到有人抱怨：“学习枯燥极了！”“工作总是重复，太无聊了。”其实不然，没有人因为平凡而注定平庸。所以，只要我们找准位置，每个人都是社会的英雄，都有生命的亮色，平凡的付出一样可以汇聚成江海。而这些平凡的人之所以做出了不凡的业绩，正是因为他们找准了属于自己的位置。

大千世界，芸芸众生，我们每一个人就像是棋盘上的一粒棋子，各有其位，各有其用。只有找准了自己的位置，我们才能得心应手，大展宏图，否则便很难有所成就。

2002 年，日本人田中耕一获得了诺贝尔化学奖。在此之前，田中耕一是岛津制作所的一名普通工程师，名不见经传。他的经历也非常平凡，而且既非教授亦非博士，连硕士学位也没有，只是电气工学专业的一个毕业生，与化学、生化等领域完全无关。

田中耕一大学毕业后进入岛津制作所，以后的日子里，他怀着极大的热情埋头于实验室的研究工作，把自己的终身大事、荣誉和升迁统统置之度外。在没有获得诺贝尔奖之前，他的头衔也只是个主任，经济上也不是很富裕。

由于这种种的平凡，所以田中耕一在日本学术界基本无人知晓，以至于获得诺贝尔奖的消息传来时，日本学术界都措手不及。2001 年的诺贝尔化学奖获得者名古屋大学的野依，针对此事说："这说明只要自己努力，不在学术界活跃也能得到诺贝尔奖。"

有这样一句著名的话："世上好像只有沙最不值钱，然而，最宝贵的东西——金，就在沙里面。"从经历和自身条件来看，田中耕一实在是一个名不见经传的小人物，在获奖之前，他一直在默默无闻地专心研究。由此可见，他的成功也并非一蹴而就的，都是他找准自我，然后一步一个脚印，坚持不懈，潜心研究得来的。

德国伟大的作家和诗人歌德说过："只要不失目标地坚持下去，我们都能获得成功。"《浮士德》这部不朽的诗剧，是歌德用了60年时间完成的巨著。《浮士德》的第一部完成于1808年法军入侵的时候，第二部则完成于1831年8月31日，此时他已是83岁的高龄。伟大的无产阶级革命导师马克思用40年的时间写《资本论》，阅读了数量惊人的书籍和刊物，做过笔记的也有1500本以上，到临终的时候，《资本论》还有两卷没有完成……

古今中外，多少有建树的人，无不是找准了自己的位置，坚持不懈地努力，最终获得成功。

“横看成岭侧成峰，远近高低各不同。”岭和峰都有自己独特的美，每个人亦有自己的不同：身体条件、智力条件、家庭条件的差别，形成了大千世界人与人的千差万别。只要着眼于现实，脚踏实地，找准自己的位置，默默奋斗，不懈努力，就能奏出属于自己的、动人心弦的最强音。

弯下腰是为了昂起头

卧薪尝胆，忍辱负重，自古便是成功者的重要素质。伤痛与屈辱不是要将人打倒，而是要将人磨炼成英雄！

在生活中，有时我们以为出现了不能承受的“重”。这种“重”是我们真的不能承受的吗？还是我们不愿意承受“重”带来的伤痛？在意志薄弱、眼光短浅的人看来，也许这种“重”的确无法承受，但对意志坚定、胸怀大志的人而言，这种“重”往往是岁月的磨炼，他们将因此而成为他们想成为的人。

当初，韩信还是平民时，家中贫穷，常在熟人家里吃闲饭，很多人都讨厌他。在淮阴的屠宰户里有位恶少，公然侮辱他道：“韩信，你虽身佩宝剑，但看你的样子就知道你是个胆小鬼，如果你能不怕死，就用你的剑来刺杀我；如果怕死不敢刺，就从我的胯下钻过去!”于是，韩信想了想，便低下头趴在地上，从那恶少的胯下钻了过去。从此，满街的人都讥笑韩信，认为他是胆小鬼，但韩信从不辩解。

后来，韩信助刘邦奠定霸业，汉王五年正月，改封齐王韩信为楚王，都城在下邳。韩信到了自己的封国，对他部下的各位将领说：“那个人当年那样侮辱我，当时我难道不能杀了他吗？但杀了他又能如何，会有今日的韩信，所以当时忍下了这口气，才能有我今天这样的功业。”

所以，虽说钻裤裆是奇耻大辱，但韩信不得不钻。如果不钻，只有两个结果：一是他被那屠夫杀掉，从此没有了韩信；二是他把屠夫杀掉，他赢得了暂时的胜利，但从此也没有了韩信，因为他杀人了，杀人者偿命，他会被杀掉。其中任何一个结果，历史上都不会留下韩信这个名字。韩信之所以能作为成大业的形象在中国历史上千古流传，就因为他忍辱负重，心中有着远大的目标。

卧薪尝胆，忍辱负重需要修养与度量，这是一种境界。忍，乃是心头一把锋利的刀，要培养刀捅心头而不惊的气度，就要忍得了杀父之仇、夺妻之恨、胯下之辱、占攻之欺、争锋之伤……司马迁如果不能忍受宫刑之侮，怎么完成“究天人之际，通古今之变，成一家之言”的伟大著作《史记》而流芳千古，成为人人敬仰的史学家？

伍子胥能屈能伸，不像他哥哥伍尚那样成为父亲的陪葬品。他宁愿背对国不忠、对父不孝的罪名，忍着父兄无故被害的耻辱和颠覆楚国的雄心逃亡他国。带着强烈的报仇之心，帮助他所辅佐的吴王阖闾征服了多个诸侯国，楚国当然也在其中。杀父杀兄之仇终于得以雪恨。为解心头之恨，他愤怒地鞭打了楚平王之尸。太史公叹曰："向令伍子胥从奢俱死，何异蝼蚁。弃小义，雪大耻。名垂于后世，悲夫！方子胥窘于江上，道乞食，志岂尝须臾忘郢邪？故隐忍就功名，非烈大夫孰能至此哉？"

汉代张骞，怀着对汉武帝的感恩毅然出使西域，两次落入匈奴人之手，忍辱负重，却始终不忘肩头使命，最终开辟了丝绸之路，名垂青史。

在韩信、伍子胥、张骞身上，我们都能看到卧薪尝胆、忍辱负重的那种大丈夫的气概。以史为鉴，凡成功者必有"卧薪尝胆"之志，所以如果想走上成功之路，那么对待我们生活中的困难与伤痛，我们应采取同样的态度。

第八章
心量有多大，成就就有多大

心量是大还是小，在于自己愿不愿意打开。一念之差，心的格局便不一样，它可以大如宇宙，也可以小如微尘。我们的心，要和大海一样，任何大江小溪都要容纳；要和云一样，任何天涯海角都愿遨游；要和山一样，任何飞禽走兽，都不排拒；要和土地一样，任何脚印车轨，都能承担。这样，我们才不会因一些小事而心绪不宁，烦躁苦闷！把心打开吧，用更宽阔的心量来经营未来，你将拥有一个别样的人生！

人生有多残酷，你就该有多坚强

成就平平的人往往是善于发现困难的“天才”，他们善于在每一项任务中都看到困难。他们莫名其妙地担心前进路上的困难，这使他们勇气尽失。他们对于困难似乎有惊人的“预见”能力。一旦开始行动，他们就开始寻找困难，时时刻刻等着困难的出现。当然，最终他们发现了困难，并且被困难击败。这些人似乎戴着一副有色眼镜，除了困难，他们什么也看不见。他们前进的路上总是充满了“如果”“但是”“或者”和“不能”，这些东西足以使他们止步不前。

一个向困难屈服的人必定会一事无成，很多人不明白这一点，一个人的成就与他战胜困难的能力成正比。他战胜越多别人所不能战胜的困难，他取得的成就也就越大。如果你足够强大，那么困难和障碍会显得微不足道；如果你很弱小，那么障碍和困难就显得难以克服。有的人虽然知道自己要追求什么，却畏惧成功道路上的困难。他们常常把一个小小的困难想象的比登天还难，一味地悲观叹息，直到失去了克服困难的机会。那些因为一点点困难就止步不前的人，与没有任何志向、抱负的庸人无异，他们终将一事无成。

成就大业的人，面对困难时从不犹豫徘徊，从不怀疑自己克服困难的能力，他们总是能紧紧抓住自己的目标。对他们来说，自己的目标是伟大而令人兴奋的，他们会向着自己的目标坚持不懈地攀登，而暂时的困难对他们来说则微不足道。伟人只关心一个问题："这件事情怎么才能完成?"而不管他将遇到多少困难。只要事情是能完成，所有的困难都可以克服。

我们随处可见自己给自己制造障碍的人。在学校或公司都有这样的人。他们总是善于夸大困难，小题大做。如果一切事情都依靠这种人，结果什么事都完不成。如果听从这些人的建议，那么一切造福这个世界的伟大创造和成就都不会存在。

一个会取得成功的人也会看到困难，却从不惧怕困难，因为他相信自己能战胜这些困难，他相信一往无前的勇气能扫除这些障碍。有了决心和信心，这些困难又能算得了什么呢？对拿破仑来说，阿尔卑斯山算不了什么。并非阿尔卑斯山不可怕，冬天的阿尔卑斯山几乎是不可翻越的，但拿破仑觉得自己比阿尔卑斯山更强大。

虽然在法国将军们的眼里，翻越阿尔卑斯山太困难了，但是他们伟大领袖的目光却早已越过了阿尔卑斯山上的终年积雪，看到了山那边碧绿的平原。

乐观地面对困难，多一些快乐，少一些烦恼，你会惊奇地发现，这不仅会使你的工作充满乐趣，还会让你获得幸福。你会发现，自己成了一个更优秀、更完美的人。你用充满阳光的心灵轻松地去面对困难，就能保持自己心灵的和谐。而有的人却因为困难而痛苦，失去了心灵的和谐。

夏洛特·吉尔曼在他的《一块绊脚石》中描述了一个登山的行者，突然发现一块巨大的石头挡住了他的去路。他悲观失望，祈求这块巨石赶快离开，但它一动不动。他愤怒了，大声咒骂，他跪下祈求它让路，它仍旧纹丝不动。行者无助地坐在这块石头前，突然，他鼓起了勇气，最终解决了困难。用他自己的话说："我摘下帽子，拿起我的手杖，卸下我沉重的负担，我径直向着那可恶的石头冲过去，不经意间，我就翻了过去，好像它根本不存在一样。如果我们下定决心，直面困难，而不是畏缩不前，那么，大部分的困难就根本不算什么困难。"

你怎样看待周围的事物完全取决于你自己的态度。每一个人的心中都有乐观向上的力量，它使你在黑暗中看到光明，在痛苦中看到快乐。每一个人都有一个水晶镜片，可以把昏暗的光线变成七色彩虹。

心量有多大，成就就有多大

从前有座山，山里有座庙，庙里有个年轻的小和尚，他过得很不快乐，整天为了一些鸡毛蒜皮的小事唉声叹气。后来，他对师父说："师父啊！我总是烦恼，爱生气，请您开示开示我吧！"

老和尚说："你先去集市买一袋盐。"

小和尚买回来后，老和尚吩咐道："你抓一把盐放入一杯水中，待盐溶化后，喝上一口。"小和尚喝完后，老和尚问："味道如何？"

小和尚皱着眉头答道："又咸又苦。"

然后，老和尚又带着小和尚来到湖边，吩咐道："你把剩下的盐撒进湖里，再尝尝湖水。"弟子撒完盐，弯腰捧起湖水尝了尝，老和尚问道："什么味道？"

"纯净甜美。"小和尚答道。

"尝到咸味了吗？"老和尚又问。

“没有。”小和尚答道。

老和尚点了点头，微笑着对小和尚说道：“生命中的痛苦就像盐的咸味，我们所能感受和体验的程度，取决于我们将它放在多大的容器里。”小和尚若有所悟。

老和尚所说的容器，其实就是我们的心量，它的“容量”决定了痛苦的浓淡，心量越大烦恼越轻，心量越小烦恼越重。心量小的人，容不得，忍不得，受不得，没有大格局。有成就的人，往往也是心量大的人，看那些“心包太虚，量周沙界”的古圣大德，都为人类留下了丰富而宝贵的财富。

其实，我们每个人一生中总会遇到许多盐粒似的痛苦，它们在苍白的心境下泛着清冷的白光，如果你的容器有限，就和不快乐的小和尚一样，只能尝到又咸又苦的盐水。

一个人的心量有多大，他的成就就有多大，不为一己之利去争、去斗、去夺，扫除报复之心和嫉妒之念，则心胸广阔天地宽。当你能把虚空宇宙都包容在心中时，你的心量自然就能如同天空一样广大。无论荣辱悲喜、成败冷暖，只要心量放大，自然能做到风雨不惊。

寒山曾问拾得：“世间有人谤我、欺我、辱我、笑我、轻我、贱我、骗我，如何处之?”拾得答道：“只要忍他、让他、避他、由他、耐他、敬他、不理他，再过几年，你且看他。”如果说生命中的痛苦是无法自控的，那么我们唯有拓宽自己的心量，才能获得人生的愉悦。通过内心的调整去适应、去承受必须经历的苦难，从苦涩中体味心量是否足够宽广，在忍耐中感悟暗夜中的成长。

心量是一个可开合的容器，当我们只顾自己的私欲，它就会愈缩愈小；当我们能站在别人的立场上考虑，它又会渐渐舒展开来。若事事斤斤计较，便把自己局限在一个很小的世界里。这种处世心态，既轻薄了自身的能力，又轻薄了自己的品格。

心量是大还是小，在于自己愿不愿意打开。一念之差，心的格局便不一样，它可以大如宇宙，也可以小如微尘。我们的心，要和大海一样，任何大江小溪都要容纳；要和云一样，任何天涯海角都愿遨游；要和山一样，任何飞禽走兽，都不排拒；要和土地一样，任何脚印车轨，都能承担。这样，我们才不会因一些小事而心绪不宁，烦躁苦闷！

把心打开吧，用更宽阔的心量来经营未来，你将拥有一个别样的人生！

不要过分苛求完美

“金无足赤，人无完人。”即使是全世界最出色的足球选手，10 次传球，也有 4 次失误；最棒的股票投资专家，也有马失前蹄的时候。我们每个人都不是完人，都有可能存在这样或那样的过失，谁能保证自己的一生不犯错误呢？

过分苛求完美的人常常伴随着莫大的焦虑、沮丧和压抑。事情刚开始，他们就担心失败，生怕干得不够漂亮而不安，这就妨碍了他们全力以赴地去取得成功。而一旦遭遇失败，他们就会异常灰心，想尽快从失败的境遇中逃离。他们没有从失败中获取任何教训，而只是想方设法让自己避免尴尬的场面。

很显然，背负着如此沉重的精神包袱，不用说在事业上谋求成功，在自尊心、家庭问题、人际关系等方面，也不可能取得满意的效果。他们抱着一种不正确和不合逻辑的态度对待生活和工作，他们永远无法让自己感到满足。

日本有一名僧人叫奕堂，他曾在香积寺风外和尚处担任典座一职（即负责斋堂）。有一天，寺里有法事，由于情况特殊必须提早进食。乱了手脚的奕堂匆匆忙忙地把白萝卜、胡萝卜、青菜随便洗一洗，切成大块就放到锅里去煮。他没有想到青菜里居然有条小蛇，就把煮好的菜盛到碗里直接端出来给客人吃。

客人一点儿也没发觉。当法事结束，客人回去后，风外把奕堂叫去，风外用筷子把碗中的东西挑起来问他：

“这是什么？”奕堂仔细一看，原来是蛇头。他心想这下完了，不过还是若无其事地回答：“那是个胡萝卜的蒂头。”奕堂说完就把蛇头拿过来，咕噜一声吞下去了。风外对此佩服不已。

智者即是如此，犯了错误，他不会一味地自责、内疚或寻找借口，而是采取适度的方式正确地对待。

张爱玲在她的小说《红玫瑰与白玫瑰》中写了男主角佟振保的爱恋，同时也一针见血地道破了男人的心理以及完美之梦的破灭：白玫瑰有如圣洁的恋人，红玫瑰则是热烈的情人。娶了白玫瑰，久而久之，变成了胸口的一粒白米饭，而红玫瑰则有如胸口的痧痣；娶了红玫瑰，年复一年，则变成蚊帐上的一抹蚊子血，而白玫瑰则仿佛是床前明月光。

事实上，世界上根本就没有真正的“最大、最美”，人们要学会不对自己、他人苛求完美，对自己宽容一些，否则会浪费掉许许多多的时间和精力，最终只能在光阴蹉跎中悔恨。

世界并不完美，人生当有不足。对于每个人来讲，不完美的生活是客观存在的，无须怨天尤人。不要再继续偏执了，给自己的心留一条退路，不要因为不完美而恨自己，不要因为自己的一时之错而埋怨自己。看看身边的朋友，他们没有一个是十全十美的。

完美往往只会成为人生的负担，人绷紧了完美的弦，它却可能发不出优美的声音来。爱自己、宽容自己的人，才是生活的智者。

要感谢折磨自己的人和事

一个成功的人，一个有眼光和思想的人，都会感谢折磨自己的人和事，唯有以这种态度面对人生，才能走向成功。

人生活在这个世界上，总会遇到这样那样的烦心事，这些事总是会折磨人的心，使人不得安稳。尤其对于刚刚大学毕业的年轻人，他们刚在社会中立足，还未完全成熟，要承受社会的种种压力，比如待业、失恋、职场压力等。还没有摆脱学生气的他们，往往在这些折磨面前束手无策。

其实，世间的事就是这样，如果你改变不了世界，那就要改变你自己。换一种眼光去看世界，你会发现所有的“折磨”其实都是促使你成长的“清新氧气”。

人们往往把外界的折磨看作人生中消极的、应该完全否定的东西。当然，外界的折磨不同于主动的冒险，冒险可以带来一种挑战的快感，而我们忍受折磨总是迫不得已的。但是，人生中的折磨总是完全消极的吗？清代金兰生在《格言联璧》中写道：“经一番挫折，长一番见识；容一番横逆，增一番气度。”由此可见，挫折和折磨对人生不但不是消极的，还是一种促使我们成长的积极因素。

生命是一次次的蜕变过程。唯有经历各种折磨，才能增加生命的厚度。通过一次又一次与各种折磨握手，人生的阅历就在这个过程中日积月累，不断丰富。

在人生的岔道口，若我们选择了一条平坦的大道，我们可能会有一个舒适而享乐的生活，但我们会失去很好的历练机会；若我们选择了坎坷的小路，我们的生活也许会充满痛苦，但人生的真谛也许因此被我们发现了。

蝴蝶的幼虫是在茧中度过的，当它的生命要发生质的飞跃时，狭小通道对它来讲无疑成了鬼门关，那娇嫩的身躯必须竭尽全力才可以破茧而出，许多幼虫在往外冲的时候力竭身亡。

有人怀了悲悯恻隐之心，企图将那幼虫的生命通道变得宽阔一些，他们用剪刀把茧的洞口剪大。但是，这样一来，所有受到帮助而见到天日的蝴蝶无论如何也飞不起来，只能拖着丧失了飞翔能力的双翅在地上笨拙地爬行！原来，那“鬼门关”般的狭小茧洞恰是帮助蝴蝶幼虫两翼成长的关键所在，穿越的时候，通过用力挤压，血液才能被顺利输送到蝶翼的组织中去；唯有两翼充血，蝴蝶才能振翅飞翔。人为地将茧洞剪大，蝴蝶的翼翅就没有充血的机会，爬出来的蝴蝶便永远无法飞翔。

一个人的成长过程恰似蝴蝶的破茧过程，在痛苦的挣扎中，意志得到磨炼，力量得到加强，心智得到提高，生命在痛苦中得到升华。当你从痛苦中走出来时，就会发现，你已经拥有了飞翔的力量。如果没有挫折，也许就会像那些受到“帮助”的蝴蝶一样，萎缩了双翼，平庸一生。

失败和挫折，其实并不可怕，正是它们教会我们如何寻找到经验与教训。如果一路都是坦途，那我们也只能沦为平庸。

没有经历过风霜雨雪的花朵，无论如何也结不出丰硕的果实，或许我们习惯羡慕他人所获得的成功，但是别忘了，温室的花朵注定经不起风霜的考验。正所谓“台上一分钟，台下十年功”，在荣誉的背后一定会有汗水与泪水共同浇铸的艰辛。

所以，一个成功的人，一个有眼光和思想的人，都会感谢折磨自己的人和事，唯有以这种态度面对人生，才能走向成功。

忘记曾经的伤心事

为了采集眼前将逝的花朵而花费太多的时间和精力是不值得的，道路还长，前面还有更多的花朵，吸引我们一路走下去……

我们生活在现在，面向着未来。过去的一切，都被时间之水冲得一去不复返。所以，我们没有必要念念不忘曾经的那些不愉快、那些与别人的仇怨。念念不忘过去，对自己只有坏处没有好处。

文学大师鲁迅笔下的祥林嫂，心爱的儿子被狼叼走后，痛苦得心如刀剜，她逢人就诉说自己儿子的不幸。起初，人们对她还给予同情。但她一而再，再而三地讲，周围的人们就开始厌烦，她自己也更加痛苦，以致麻木了。老是向别人反复讲述自己的痛苦，就会使自己久久不能忘记这些痛苦，更长久地受到痛苦的折磨。

当然，我们不是主张采取逃避的态度，而是说，一方面，情感不要长久地停留在痛苦的事情上；另一方面，我们的理智应当多在挫折和坎坷上寻找突破口，力争克服它、解决它。

学会忘记可以使我们真正放下心中的烦恼和不良的情绪。让我们在失意之余，有机会喘一口气，恢复体力。

哲人康德是一位懂得忘怀之道的人，当有一天发现他最信赖又依靠的仆人兰佩，一直在有计划地偷盗他的财物时，便将其辞退了。但康德又十分怀念他。于是，他在日记上写下悲伤的一行：“记住，要忘掉兰佩！”

真正说来，一个人并不那么容易忘掉伤心的往事。不过，当它浮现时，我们不要陷于悲伤的情绪，必须提防自己再度陷入愤恨、恐惧和无助的哀愁里。这时，最好的方法就是转移注意力去专心工作，计划未来，或者去运动、旅行。有一首禅诗说：

春有百花秋有月，夏有凉风冬有雪。

若无闲事挂心头，便是人间好时节。

一个人如果学习了忘怀之道，不愉快便自然消失，代之的是朝气蓬勃、快快乐乐的新生活。

一位风烛残年的老人在日记簿上记下了这段对生命的领悟：

如果我可以从头活一次，我要尝试更多的错误。我不会总朝后看，而不看未来的路。我情愿多休息，随遇而安，处世糊涂一点，不对已经发生的事难过或者伤悲。其实人生那么短暂，实在不值得花时间不停地缅怀过去。

可以的话，我会朝未来的道路前行，去自己没去过的地方，多旅行，跋山涉水，危险的地方也不妨去一去。以前我经常因为已经发生的些许小事情而懊恼，比如因为丢了东西而深深责备自己，一遍一遍假设要是把东西事先交给××就好了，然后很长时间都在为丢失的东西心疼。此刻我是多么后悔。过去的日子，我实在活得太小心，每一分每一秒都不容有失。稍微有了过失就埋怨和批评自己，还用同样的标准去对待别人，一遍一遍叨唠别人不对的地方。

如果一切可以重新开始，我不会过分在意宠辱得失，我也不会花很长的时间来诅咒那些伤害过我的人。诅咒或者伤悲都不会改变事实，还消磨了我生命中不多的时间。我会用心享受每一分、每一秒。如果可以重来，我只想美好的事情，用这个身体好好地感受世界的美丽与和谐。还有，我会去游乐园多玩几圈木马，多看几次日出，和公园里的小朋友玩耍。

如果人生可以从头开始……但我知道，不可能了。

人生没有如果，人的生命和时间是有限的，当你看完老人的日记以后也许就能明白为什么很多老人总是会有一副安详的表情，不急不躁，不过喜也不大悲，因为他们懂得时间的宝贵，把珍贵的时间用来感伤过去，那是浪费生命。忘记过去，生命应该有更好的价值可以实现。

自强才是扭转命运的根本力量

德国伟大诗人歌德在《浮士德》中说："始终坚持不懈的人，最终必然能够成功。"人生就是意志与智慧的较量，轻言放弃的人注定不会成功。

约翰尼·卡什很早就有一个梦想——当一名歌手。参军后，他买了自己有生以来的第一把吉他。他开始自学弹吉他，并练习唱歌，他甚至创作了一些歌曲。服役期满后，他开始努力工作以实现当一名歌手的夙愿，可他没成功。没人请他唱歌，就连电台唱片音乐书目广播员的职位他也没能得到。他只得靠挨家挨户推销各种生活用品维持生计，不过他还是坚持练唱。他组织了一个小型的歌唱团在各个教堂、小镇上巡回演出，为歌迷们演唱。最后，他灌制的一张唱片奠定了他音乐工作的基础。金钱、荣誉、在全国电视屏幕上露脸——他获得了成功。

接着，卡什经受了第二次考验。经过几年的巡回演出，他的身体拖垮了，晚上须服安眠药才能入睡，而且要吃些“兴奋剂”来维持第二天的精神状态。他沾染上了一些恶习——酗酒，服用催眠镇静药和刺激性药物。他的恶习日渐严重，以致对自己失去了控制能力。他不是出现在舞台上，而是更多地出现在监狱里。后来，他每天要吃100多片药。

一天早晨，当他从佐治亚州的一所监狱刑满出狱时，一位行政司法长官对他说：“约翰尼·卡什，我今天要把你的钱和麻醉药都还给你，因为你比别人更明白你能充分自由地选择自己想干的事。看，这就是你的钱和药片，你现在就把这些药片扔掉吧，否则，你就去麻醉自己，毁灭自己。你选择吧！”

卡什选择了生活。他又一次对自己的能力做了肯定，深信自己能再次成功。他回到纳什维利，并找到他的私人医生。医生不太相信他，认为他很难改掉服麻醉药的坏毛病，医生告诉他：“戒毒瘾比找上帝还难。”他并没有被医生的话吓倒，他知道“上帝”就在他心中，他决心“找到上帝”，尽管这在别人看来几乎不可能。他开始了他的第二次奋斗，他把自己锁在卧室里闭门不出，一心一意要根除毒瘾，为此他忍受了巨大的痛苦，经常做噩梦。后来在回忆这段往事时，他说，他总是觉得昏昏沉沉，好像身体里有许多玻璃球在膨胀，突然一声爆响，只觉得全身都是玻璃碎片。当时摆在他面前的，一边是麻醉药的引诱，另一边是他奋斗目标的召唤，结果后者占了上风。九个星期以后，他恢复到原来的样子了，睡觉不再做噩梦。他努力实现自己的计划，几个月后，他重返舞台，再次引吭高歌。他不停息地奋斗，终于再一次成为耀眼的星星。

一个人身处困境之中，不自强永远也不会有出头之日，仅仅一时的自强而不能长期坚持，也不会走上成功之路。因此，坚持不懈地自强，才是扭转命运的根本力量。

绝境中也会有生机

我们知道，事情的发展往往具有两面性，犹如每一枚硬币都有正反面一样，失败的背后可能是成功，危机的背后也有转机。

1974 年第一次石油危机引发经济衰退时，世界运输业普遍不景气，但当时美国的特德·阿里森家族却收购了一艘邮轮，成立嘉年华邮轮公司，后来这家公司成为世界上最大的超级豪华邮轮公司。世界最大的钢铁集团米塔尔公司，在 20 世纪 90 年代末世界钢铁行业不景气的时候，进行了首次大规模兼并，然后迅速扩张起来。所以说，危机中有商机，挑战中有机遇，艰难的经济发展阶段对企业来说是充满机会的，对企业如此，对个人、对民族、对国家也是如此。

2008 年经济危机爆发后，美国很多商业机构和场所萧条了，但酒吧的生意却悄悄地红火起来。原来，精明的酒商们发现美国人越来越喜欢喝战前禁酒令时期以及大萧条时期的酒品，比如由白兰地、橘味酒和柠檬汁调制成的赛德卡鸡尾酒。酒商们迅速嗅到了商机，推出了一款改进的老牌鸡尾酒。美国一个酒业资深人士指出，人们在困难时期，往往会从熟悉的东西中寻求安慰，老式鸡尾酒自然会走俏。改进后推出的这种酒品，让酒商们大赚了一笔。

“危中有机，化危为机。”一些中外专家认为，如果危机处置得当，金融风暴也有可能成为个人、企业或国家迅速发展的机遇。所以，冬天里会有绿意，绝境里也会有生机。

谁都不希望面临绝境，但危机来临时，我们挡也挡不住，与其怨天尤人，不如奋力一搏，说不定，还会创造一个奇迹。

有人说过这样一句话：“瀑布之所以能在绝处创造奇观，是因为它有绝处求生的勇气和智慧。”其实我们每个人都像瀑布一样，在平静的溪谷中流淌时，波澜不惊，看不出蕴涵着多大的力量，当我们身处绝境时，这种力量就迸发出来了。

下面是一个在绝境里求生存的真实故事：

第二次世界大战期间，有位苏联士兵驾驶一辆苏 H 式重型坦克，非常勇猛，一马当先地冲入了德军的腹地。这一下虽然把敌军打得抱头鼠窜，但他自己渐渐脱离了大部队。

就在这时，突然轰隆隆一声，他的坦克陷入了德军阵地中的一条防坦克深沟之中，顿时熄了火，动弹不得。

这时，德军纷纷围了上来，大喊着：“俄国佬，投降吧！”

刚刚还在战场上咆哮的重型坦克，一下子变成了敌人的瓮中之物。

苏联士兵宁死也不肯投降，但是现实一点也不容乐观，他正处于束手待毙的绝境中。

突然，苏军的坦克里传出了砰砰砰的几声枪响，接着就是死一般的沉寂。看来苏联士兵在坦克中自杀了。

德军很高兴，就去弄了辆坦克来拉苏军的坦克，想把它拖回自己的堡垒。可是德军的坦克吨位太轻，拉不动苏军的庞然大物，于是德军又弄了一辆坦克来拉。

两辆德军坦克拉着苏军坦克出了壕沟。突然，苏军的坦克发动起来，它没有被德军坦克拉走，反而拉走了德军的坦克。

德军惊惶失措，纷纷开枪射向苏军坦克，但子弹打在钢板上，只打出一个个浅浅的坑洼，奈何它不得。那两辆被拖走的德军坦克，因为目标近在咫尺，无法发挥火力，只好像驯服的羔羊，乖乖地被拖到了苏军阵地。

原来，苏联士兵并没有自杀，而是在那种绝境中，被逼得想出了一个绝妙的办法。他以静制动，后发制人，让德军坦克将他的坦克拖出深沟，然后凭着自身强劲的马力，反而俘获了两辆德军坦克。

其实，每个人皆是如此，虽然我们的生活并不会时时面临枪林弹雨，但总有身处绝境的时候，每当此时，我们往往会产生爆发力，而正是这种爆发力将我们的力量激发出来了。

所以，面临绝境的时候，不要灰心，不要气馁，更不要坐以待毙，勇往直前，无所畏惧，你我都可以“杀出一条血路”。

逆境对强者是一种激励

人在顺境中，是不容易成功的，人往往在逆境中走向成功。

世间人常说的一句话是：逆境出人才。人们最出色的工作往往是在处于逆境的情况下做出的。逆境是对人生的一种考验，是对人的生活的一种磨炼。

一个人生活在世上，不可能永远走平坦的路。人生最根本的问题就是苦，“苦”有生、老、病、死苦，再加上怨憎会苦，爱离别苦，求不得苦，能看透人生最根本的问题是苦，其他还有什么比它再苦的呢?

佛曰:“逆境是增上缘。”佛陀还告诉我们:“十方三世一切佛皆以苦为良师。”没有苦不可能成道。如果一个人要想更坚强，应该接受逆境的磨炼；顺境不一定就好，逆境也不一定不好。

在顺境中修行，永远不能成佛。我们现在生活的世界，因为有苦，所以人会努力、思考、精进，才会思变，才会改变，才会领悟。这就叫因苦成佛。

生活中挫折是在所难免的，重要的不是绝对避免挫折，而是要在挫折面前采取积极进取的态度。勇敢面对艰险，不怕挫折，这是一种积极心态，更是人生必修课。

公元743年，唐朝的鉴真和尚第一次东渡，准备从扬州扬帆出海时，不料被人诬告与海盗串通，东渡未能实现。同年底，鉴真和同船856人第二次东渡。刚一出海，就遇到了狂风恶浪，船只被击破，船上水没腰，这次东渡又告失败。

鉴真修好船后，到了浙江沿海，又遇到狂风恶浪，船只触礁沉没，人虽上岸，但水米皆无，他们忍饥挨饿好几天，才被搭救，第三次东渡又遇挫折。第四次东渡因人阻拦，也未成功。

遭受挫折最为惨重的是第五次东渡。公元748年，鉴真一行345人又从扬州乘船东渡，船入深海不久，就遇上特大台风，船只受风吹浪涌漂到浙江舟山群岛附近。停泊三个星期后，鉴真再度入海，不料又误入海流。这时，风急浪高，水黑如墨，船只犹如一片竹叶，忽而被抛上小山高的浪尖，忽而陷入几丈深的波谷。

这样漂了七八天，船上的淡水用完了，每天只靠嚼点干粮充饥。口渴难忍时就喝点海水，这样苦熬了半个多月，最后飘到了海南岛最南端崖县，才侥幸上了岸。他们跋涉千里，历尽千辛万苦才回到了扬州。在路上几经磨难，63 岁的鉴真身染重病，以致双目失明。即使是在这样的情况之下，鉴真东渡日本的决心丝毫未减，仍为第六次的东渡做准备，后来终于获得了成功。

逆境，对弱者是一种打击，对强者却是一种激励。逆境之所以出人才，是因为人能够正视生活中的种种困难，有迎难而上的精神，有坚持不懈的意志。逆境是块磨刀石，它能磨砺出奋发向上的意志和百折不挠的精神；逆境是所学校，人能在这里学到丰富的人生知识。

所以，人要乐于迎接人生中的每一个逆境，这才是真正的修行之道。在实现自我、追求幸福的过程中会遇到各种逆境，我们要能够“千里云海漫漫路，虔心不移志如磐”。很多人满怀信心地踏上人生大道，但是只要一遇到挫折就向后转，有的则留在原地踏步，只有极少数的人能突破瓶颈过关斩将，他们才是真正的英雄好汉。

有意义的人生才能让生命无悔

“吃饭是为了活着，但活着绝不是为了吃饭。”这句话告诉我们，人生需要一个鲜明的意义。有的人追求爱情，为爱情百折不回、无怨无悔；有的人追求金钱，为金钱殚精竭虑、夙兴夜寐；有的人追求友情，为朋友两肋插刀、赴汤蹈火；有的人追求名誉，为名誉立身持正、两袖清风……

人生在世都有所追求，追求本身便是自己给自己设立的人生意义。倘若没有追求，没有渴望，人生就如同嚼蜡，缺少滋味。星云大师说："成功有成功的条件，想成功必须先建立良好的观念，否则就可能差之毫厘，谬以千里。"所谓良好的观念有很多，比如"一分耕耘，一分收获""只求付出，不求回报""有志者事竟成"……每一种观念的确立，其实都是一条指向人生意义的路径。

子曰："不曰'如之何，如之何'者，吾末如之何也已矣！"这句话的意思是：一个不说"怎么办？怎么办"的人，我真不知道他该怎么办了。如果一个人对任何事情都不多加思索，不想寻找解决困难的方法，不想得到问题的答案，只是糊里糊涂地"做一天和尚撞一天钟"，那么就连孔子这样的圣人都不知道该如何开导他了。

作家毕淑敏在一所大学做演讲时，不断有学生递上字条提出自己的疑问。字条上提得最多的问题是："人生有什么意义？请你务必说实话，因为我们已经听过太多言不由衷的假话了。"

她把这个问题读了出来，并说："你们今天提出这个问题很好，我会讲真话。我在西藏阿里的雪山之上，面对着浩瀚的苍穹和壁立的冰川，如同一个茹毛饮血的原始人，反复地思索过这个问题。我相信，一个人在他年轻的时候是会无数次地叩问自己：'我的一生，到底要追索怎样的意义？'我想了无数个晚上和白天，终于得到了一个答案。今天，在这里，我将非常负责地对你们说，我思索的结果是：人生是没有任何意义的！"

这句话说完，全场出现了短暂的寂静，但紧接着就响起了暴风雨般的掌声。等掌声渐止，毕淑敏接着说道：“大家先不要忙着给我鼓掌，我的话还没有说完。我说人生是没有意义的，这不错。但是，我们每一个人要为自己确立一个意义！是的，关于人生意义的讨论，萦绕在我们的周围。很多说法，由于熟悉和重复，已让我们从熟视无睹滑到了厌烦，可是这不是问题的真谛。真谛是，别人强加给你的意义，无论它多么正确，如果它不曾进入你的心理结构，它就永远是身外之物。例如，我们从小就被家长灌输过人生意义的答案。在此后漫长的岁月里，谆谆告诫的老师和各种类型的教育，也都不断地向我们批发人生意义的补充版。但是有多少人把这种外在的框架当成自己内在的标杆，并为之下定了奋斗终生的决心？”

“人生是没有意义的，但你要为之确立一个意义。”这是何其朴素又何其深刻的道理！人生需要我们为之确立一个意义。生活若缺少了意义，就缺少了乐趣，一个人就会变得浑浑噩噩，感到空虚和麻木。给人生一个鲜明的意义。这个意义，要经得起时间的考验，随着时间的流逝，你不会为之感到后悔；这个意义，能赶走生命的颓废和空虚，带来愉快和欣喜；这个意义，能永远璀璨，不会变质，值得为之舍弃很多东西。

第九章
能忍受痛苦，才能让自己变得更加坚强

人的一生不可能一帆风顺，挫折和困难是难免的。当你的人生走到了“山”的顶峰，必然会走下坡路，但如果你能做到坦然面对、心态放平，在忍耐中让自己变得更加坚强，让生命更具张力，那么你就有可能会在难言的忍耐之后，获得爆发的机会。

在忍耐中让心灵得到磨砺

人生如果是一场表演的话，那么只有让其更具张力，你的表演才能更具内涵。因为有了张力，水珠会变得晶莹剔透、饱满圆润；有了张力，人生就会不鸣则已，一鸣惊人。

生命是一张上帝签发的支票，就看你怎样去用。如果你善于忍耐，敢于用暂时的屈服来处理不利的境遇，那么，你的人生就会更具张力，那么你的这张支票也就实现了最大的价值。

台湾著名作家柏杨曾经是一个“火暴浪子”，他尖锐、激进，1979 年，他被捕入狱，5 年以后才被放出来。5 年的牢狱生活彻底地改变了他。他成为“谦谦君子”，变得理性、温和。就连周围的人都感到惊奇：“现在的柏杨很有同情心，也知道替别人留余地，不像从前，总是那么火辣辣的。”

其实，柏杨不是没有怨恨、绝望过，他后来回忆他的狱中生活时说，他也曾经怨过、恨过。那段日子他经常睡不着觉，半夜醒来时发现自己竟然恨得咬牙切齿，就这样大约持续了一年。后来，他意识到不能这样下去，否则，他不是闷死，就是被自己折磨死。

想明白后，他坦然地面对一切，开始大量阅读历史书籍，光是《资治通鉴》前后就读了三遍。这些书籍成了他宝贵的精神食粮，他从这些书籍中领悟到，历史是一条长河，个人只不过是非常渺小的一滴水。他明白了一个道理：生命的本质原本就是苦多于乐，每个人都在成功、失败、欢乐、忧伤中反反复复，只要心中有爱心、美感与理想，挫折反而会变成使人向上的动力，使人的生命更具张力。

当柏杨忍耐下来后，他发现心境变得平和，思路也越来越开阔，后来，他在牢中完成了三部史学巨著。

英雄等待出头之日，必须忍耐。在无尽的忍耐中，让心灵得到磨砺，让生命更有张力。生命是否有张力，完全取决于你自己。上帝用心良苦，让你通过另一种方式来获取幸福人生，你要有悟性，放下悲痛，坦然面对。

人的一生不可能一帆风顺，挫折和困难是难免的。当你的人生走到了“山”的顶峰，必然会走下坡路，但如果你能做到坦然面对，心态放平，在忍耐中让自己变得更加坚强，让生命更具张力，那么你就有可能会在难言的忍耐之后，获得爆发的机会。

小不忍则乱大谋

“生当作人杰，死亦为鬼雄。至今思项羽，不肯过江东。”这是著名的女词人李清照赞颂西楚霸王项羽的一首诗，诗中虽然充满了豪情，却难免给人英雄气短的感觉。试想一下，如果当年项羽能够忍受一时的屈辱，过得江东之后重整人马，那么历史便很有可能被改写。

而他的对手刘邦，则将“忍”字发挥到了极致。刘邦为了将来的前程，忍住浮华诱惑，锋芒暂隐，静待转机。咸阳城内王室发生的剧变，已经明显影响到了秦军的士气，恰逢刘邦招降，正中众士兵下怀，项羽这边听说刘邦西征军已经接近武关的消息，也颇为着急。章邯投降后，项羽不再有任何阻碍，率军火速攻向关中盆地的东边大门——函谷关。

十月，刘邦军团进至灞上。咸阳城已完全没有了防卫的能力，秦王子婴主动投降，秦王朝灭亡。

刘邦大军历尽千辛万苦终于进入咸阳，此时刘邦对日后称霸天下有了莫大的野心和信心。同时，面对扑面而来的荣华富贵，喜好享乐的他，竟然一时忘乎所以，自然忍不住心动。想起年少时的狂言：“大丈夫当如是也。”一切都这样唾手可得。

但在张良等人的劝说下，为了长远的未来，刘邦忍住了享受的心。

一个“忍”字怎生了得，它成全了刘邦，是刘邦成就霸业不可多得的秘密武器。而项羽在这方面明显不如刘邦。项羽嗜杀成性，不管对方是否投降，一律斩杀。他曾在一夜之间，设计歼害了 20 万秦国降军。项羽因为此事而在秦国人民心中臭名昭著。

项羽残杀秦国兵士，刘邦却与秦地父老约法三章，谁是谁非，天下人自然明白。刘邦轻易便为自己赢得了百姓的信任，项羽虽然勇猛，但是做一国之君的话，尚嫌粗莽。

随后，刘邦在“鸿门宴”中更是将“忍”刻在了心头。这一场心理战，决定了结局。刘邦在得知项羽要进攻的时候，镇定地用谎言骗住了项羽，使得项羽留给了刘邦一条生路。而项羽始终是轻敌的，尤其忽视了刘邦这个手下部将。他认为以刘邦的兵力，绝对不是他的对手。但是刘邦不跟他斗勇，刘邦喜欢斗智。

这就注定了项羽的悲剧命运。就勇猛来说，项羽力拔山兮气盖世；就智慧来说，项羽也不乏胆识与聪明；就实力来说，项羽是一代霸王，有过众望所归的气势。然而就是一个不能忍，破坏了全部的计划，影响了结局，可见，“忍”字的力量无穷无尽。

小不忍则乱大谋，忍人一时之疑、一定之辱，一方面是脱离被动的局面，同时也是一种对意志、毅力的磨炼；另一方面，为日后的发愤图强和励精图治奠定了一定的基础。而不能忍者，则要品尝自己急躁播下的苦果。

冲动是魔鬼

很多时候，暂时的败、一时的退、短期的弱对事业和人生来说都不一定是坏事；相反，它会为你的下一次进步积蓄力量。为人处世要有退步的气魄，要学会退，以退为进，要学会委曲求全。

“委曲求全”一词蕴含着古人的智慧，只有委屈一时，才能让怒火消除，让人冷静处事，那么做错事的概率也就会降到最低。

明朝安肃有个叫赵豫的人。宣德和正统时期，他曾经任松江知府。在任期间，赵豫对老百姓问寒问暖，关怀备至，深得松江老百姓的爱戴。

赵豫有一个非常奇特的处理日常事务的方法，他的下属称之为“明日办”。每次他见到来打官司的，如果不是很急的事，他总是慢条斯理地说：“各位消消气，明日再来吧。”起先，大家对他的这套工作方法不以为然，认为这实在是一个懒惰拖拉的知府，甚至还暗地里编了一句“松江知府明日来”的顺口溜来讽刺他，都叫他“明日来”。

赵豫性格稳重，为人宽厚，听到这个绰号，总是淡淡地笑笑，从不责备叫他绰号的人。因为他的态度和蔼，对下属从没有声色俱厉过，所以，那些下属有什么话都敢跟这位知府老爷说。

一天，一个下属问他：“大人，您为什么要这样做？这样做太有损您的名誉了。”赵豫于是解释了“明日再来”的好处：“有很多的人来官府打官司，是乘着一时的愤激情绪，而经过冷静思考后，或者别人对他们加以劝解之后，气也就消了。气消而官司平息，这就少了很多的恩恩怨怨。”

赵豫此招甚妙，虽然给自己戴上了“懒惰拖拉”的帽子，但是人们却能够冷静下来，官司因此而平息，百姓因此而和睦，由此我们可以说：“委屈可以求全。”退后一步，对事情进行“冷处理”，有助于缓和情绪，让问题得到更好的解决。赵豫的“明日再来”这种处理一般官司的做法，是合乎人的心理规律的。经过一天的冷却，当事人都冷静下来，才能理智地对待所发生的一切。这种“冷处理”包含为人处世的高度智慧，把他用在生活中，会避免争执。

正如跳高、跳远，要退后一点，起跳时才会有更强的冲击力。生活也是如此，退后一步，就是为了更好地前进。一时的委屈是为了永久的安然。忍一时的不冷静，对人对己都有好处。当不愉快的事情发生后，退一步，就会海阔天空。在实际生活中，不管你多么有能耐，总是有人比你更有能耐，拼个鱼死网破，倒不如后退几步，另求他路。

古往今来，安身处世者大有人在，曲径通幽，卧薪尝胆，委曲求全，才能干出轰轰烈烈的大事。退后一步，即使一时处于低势，但在心灵上获得了轻松的感觉，在精神上，做好了向前冲的准备。

理智地对待各种事情

处世经典《增广贤文》上说：“酒是穿肠的毒药，色是剐骨的钢刀，气是下山的猛虎，怒是惹祸的根苗。”愤怒就像决堤的洪水那样“淹没”人的理智，让人做出蠢事，甚至招来杀身之祸。

张飞脾气暴躁，常常因为一点小事就大动肝火。当他得知关羽败走麦城而丧命时，旦夕号泣，血泪衣襟，愤恨不已，发誓定要血刃仇人。

张飞下令军中，限三日内置办白旗白甲，三军挂孝伐吴。次日，两员末将范疆和张达告诉张飞：“白旗白甲，一时无可措置，须宽限时日。”

张飞大怒，喝道：“我急着报仇，恨不得明日便到逆贼之境，你们怎么敢违抗我的命令！”说罢，便让武士把二人绑在树上，每人鞭抽了50下。

打完之后，张飞怒气未消，用手指着两人说：“明天一定要全部完备！若违了期限，就杀你们两人示众！”

被打得满口吐血的两人到帐中商议，范疆说：“今日受了刑责，倒也无所谓，可我们怎能在短短一天内将装备筹措齐备？张飞性暴如火，如果明天置办不齐，你我皆有杀身之祸。”

张达说：“张飞爱酒，每日必饮。如果我们两个不应当死，那么他就醉在床上；如果应当死，那么他就不醉好了。”当下商议停当。当天晚上，张飞又哭又骂，喝得烂醉如泥，卧在帐中，鼾声如雷。范、张二人探知消息，心中大喜。初更时分，两人各怀利刃潜入帐中，摸到张飞床前，突见张飞双目圆睁，躺在床上。两人大惊，刚欲逃走，又听张飞打起了鼾，但眼睛仍然睁着。原来张飞睡觉时眼睛是睁开的。

两人不再犹豫，斩下张飞的首级，骑快马星夜逃奔东吴去了。

“忍”字头上一把刀，忍耐会有痛苦；“忍”字下面一颗心，忍耐会受煎熬；忍耐就好似手刃自己的心，需要时间等待伤口慢慢愈合；忍得头上乌云散，拨开云雾见阳光。

某公司老板巡视仓库，发现一个工人正坐在地上看连环画。老板最恨工人在工作时间偷懒，于是怒不可遏地问：“你一个月挣多少钱？”

“1000 元。”工人回答。老板立刻掏出 1000 元给他，并大叫：“拿了钱给我滚！”事后，老板责问后勤主管：“那工人是谁介绍来的？”主管说：“那人不是公司员工啊，而是其他公司派来送货的。”

当然，这只不过是一个笑话，但也从一个侧面反映了人在愤怒状态下失去理智的情形。不分青红皂白，一时的冲动很有可能会断送自己的大好前程，造成严重的后果。

哲学家康德说：“生气，是用别人的错误惩罚自己。”的确，冲动就有这样的魔力，让人身不由己，敢做平时不敢做的事情，愿做平时不愿意做的事情，就好像失去理智的罪犯那样走上极端，亲手毁掉自身的幸福。

所以，每个人都不要冲动，学会忍耐，要把魔鬼赶得无影无踪，用平常、平淡的心理，理智地对待各种事情。

忍下来就是向前一步

小不忍则乱大谋，小不忍难成大器，这是中华民族五千年来的浓缩智慧，是华夏子孙生生不息的古老传承。能承受者，不计较一城一池的得失，更不逞一时的口舌之快；笑到最后，才是笑得最好，能成功者，首先要能够付出，其次是能够承受，最重要的，是能够忍耐。武则天是历史上唯一的女皇，对于她的评判，历来毁誉参半，作为一名杰出的政治家，她固然有其奸诈、阴狠的一面，但是她的大气、豪迈，也令后来者为之赞叹。

徐敬业在扬州造反时，骆宾王起草了讨武檄文，曰："昔充太宗下陈，曾以更衣入侍，洎乎晚节，秽乱春宫，潜隐先帝之私，阴图后庭之嬖……践元后于翚翟，陷吾君于聚麀。加以虺蜴为心，豺狼成性，近狎邪僻，残害忠良。杀姊屠兄，弑君鸩母。人神之所同嫉，天地之所不容……试看今日之域中，竟是谁家之天下！"

如此的谩骂攻击，连那些读檄文的大臣也为之色变，但是武则天却非常欣赏为文者的文采，竟询问檄文的作者是何人。当她知道是骆宾王时，叹道："如此天才使之沦为叛逆，宰相的过错呀。"没有如此的慨然大气，恐怕武则天无论有多少雄才伟略、阴谋诡计，也无法打破"女子不得干政"的天规铁律，将大唐江山牢牢握在手心。

不与侮辱自己的人计较，并不是说要让自己毫无原则，而是要忘却侮辱带来的烦恼，化敌为友，展现自己的涵养。

哲学家康德曾说："生气，是拿别人的错误惩罚自己。"人与人的差别，有时在于如何对待受气，在于能不能受“气”。

在非洲的草原上，有一种吸血蝙蝠。它的身体极小，却是野马的天敌。这种动物专靠吸动物的血生存，它在攻击野马时，就附在马腿上，用锋利的牙齿刺破野马的腿，然后用尖尖的嘴吸血。无论野马怎么发疯地蹦跳、狂奔都无法驱赶走蝙蝠。而蝙蝠却可以从容地吸附在野马身上或是落在野马的头上，直到吸饱吸足后，才心满意足地飞去。而野马常常在暴怒、狂奔、流血中无可奈何地死去。

动物学家们在分析这一问题时，一致认为吸血蝙蝠所吸的血量微不足道，远不至于让野马死去，野马的死是由于它本身暴怒的习性和狂奔所致。

不能忍者必然被焦虑、愤怒、抑郁等不良情绪困扰着，导致情绪失控，其实最后受伤害的是自己。对于理智的人而言，学会忍耐是必不可少的人生功课。俄国文学家屠格涅夫在“开口之前，先把舌头在嘴里转个圈”，即动怒之前先不讲话，以缓和不良情绪。当需求受阻或遭受挫折时，可以用满足另一种需求的方式来减弱自己的挫败感，以发挥自身的优势，激发自信心。

要想收获就得先付出

有个人在沙漠里穿行，已经连续几天没喝水了。他饥渴难耐，马上就要支撑不住了，突然发现在前面一株巨大的仙人掌下面有一个压水井。

他欣喜若狂，马上走了过去。看见压水井上面放着一瓶水，他嗓子都要冒烟了，不管三七二十一拿起瓶子准备喝水，发现水井上有块醒目的警告牌子，他忍住干渴，只见牌子上写着这样一些字：

这里距离沙漠的尽头，最近的距离是100英里。

如果你现在将这瓶水喝完，虽然能暂时解除你的干渴，但是你绝对不可能走出沙漠。

如果你将瓶子里的水倒入压水泵，引出井里的水，那么你就能畅饮清凉洁净的井水，使你能平安走出这片沙漠。最后，享用完了别忘了为别人装满一瓶水。

这个人心想：幸好我看了警告，不然后果……然后他将瓶子中的水倒入水泵中，喝足了清凉的井水，安全走出了这片沙漠。

在取得之前，要先学会付出。只有懂得付出，才能引出生命之水，助你安然走过人生的沙漠。种瓜得瓜，种豆得豆。春种一粒粟，秋收万颗子。没有付出，却想不劳而获，就同妄想天上掉馅饼一样。

一位从南方来的乞丐与一位从北方来的乞丐在路上相遇。南方乞丐惊愕地说道："你多么像我，我也多么像你，你的神情、服装、举止，甚至那个碗，简直和我的一模一样。"

北方乞丐也兴奋地嚷着："我觉得在遥远的过去，似乎早就与你相识了。"这两位乞丐被彼此吸引，他们渐渐地爱上了对方。于是，他们不再去天涯海角流浪讨饭，彼此只想依偎在一起。

南方乞丐问："我们已经在一起了，你还拿着碗乞求什么？"

北方乞丐说："这还需要问吗？当然是乞求你的爱。我知道你是爱我的，除了我，还有谁跟我一样与你有这么多相同点呢？"

北方乞丐继续说道："亲爱的，将你碗里满满的爱，倒在我的空碗里吧，让我感受你无比的温暖。"

南方乞丐回答说：“我端的也是空碗，难道你没瞧见吗？我也祈求你的爱倒入我的空碗，让我的空碗满满的都是你的爱。”

“我的碗是空的，又怎么给你呢？”北方乞丐一脸狐疑。

南方乞丐也说：“我的碗难道是满的吗？”

两个乞丐互相乞讨，都期望对方能给自己一些什么，可是到最后，任何一方都没有得到对方的爱。

他们渐渐累了，各自叹息之后，走回自己原本的路，继续向其他人乞讨。

在期待别人的付出前，你要先学会付出。爱是相互的。建立在对对方予取予求基础上的爱，就像沙滩上的城堡，指望它能经得起海浪的洗礼是不可能的；因为事实告诉我们，只有靠双方真诚付出，才能使我们的城堡建立在坚实的岩石上，我们爱的城堡才可以在风雨中屹立不倒。

所以，要想得到一些东西，你就必须付出一些东西，付出多少，你就能得到多少。俗话说，“一分耕耘，一分收获”。当然，你不必刻意地追求回报，它总是会自己悄悄到来的。

进取心是不竭的动力

只有具备一种永不停息的自我推动力，我们的人生才可能不断更上一个台阶，更高的目标和理想不断在向我们召唤。

永不知足是要求自己上进的第一步，是要让自己不满足于停留在现有的位置上。永不知足可以帮助你迈出关键的第一步。

比尔·盖茨对年轻人说得最多的一句话就是——“永不知足。”他之所以会取得如此大的成功，就是因为他不满足于所取得的成绩，不断进取，始终激励自己向前发展，最后终于实现了自己的理想。

新闻界的“拿破仑”——伦敦《泰晤士报》的大老板诺思克利夫爵士，最初在每月只能拿到80元的时候，他对自己的处境非常不满。后来，《伦敦晚报》和《每日邮报》皆为他所有的时候，他还是感到不满足，直到他得到了伦敦《泰晤士报》之后，他才稍稍觉得有点满足。

就算成了《泰晤士报》的大老板，诺思克利夫爵士还是不满足，他利用《泰晤士报》揭露官僚的腐败，由于他的这种大胆的努力，提高了不少部门的办事效率。

不管你目前的职位有多高，都不要满足于现状，应该告诉自己：“我的职位应在更高处。”

进取心从不允许我们休息，它总是激励我们为了更美好的明天而奋斗。

百年哈佛主张这样的人生哲学：信心和理想乃是人们追求幸福和进步的最强大推动力。

进取心是激发人们与命运抗争的力量，是完成崇高使命和创造伟大成就的动力。一个有进取心的人，就会像被磁化的指针那样显示出矢志不渝的巨大力量。

人生的进步与成功，正是有了进取心和意志力，才激励着人们向自己的目标前进。

向上的力量是每一种生命的本能，这种力量不仅存在于所有的昆虫和动物身上，埋在地里的种子中也存在着这样的力量，正是这种力量刺激它破土而出，推动它向上生长，向世界展示美丽与芬芳。

这种激励也存在于我们人类的体内，它推动我们去完善自我，去追求完美的人生。

面对困难，你强它便弱

无论我们身处怎样的环境，重要的是我们对于所处环境做出怎样的反应。你愿意成为强者，困难便会退缩。

一个女儿对她的父亲抱怨，说她的生命是如何痛苦、无助，她是多么想要健康地走下去，但是她已失去方向，整个人惶惶然，只想放弃。她已厌烦了抗拒、挣扎，但是问题似乎一个接着一个，让她毫无招架之力。

父亲没有说话，拉起心爱的女儿，走向厨房。他烧了三锅水，当水沸腾之后，他在第一个锅里放进萝卜，第二个锅里放了一颗鸡蛋，第三个锅则放进了咖啡。

女儿望着父亲，不明所以，而父亲只是温柔地握着她的手，示意她不要说话，静静地看着滚烫的水，以炽热的温度煮着锅里的萝卜、鸡蛋和咖啡。一段时间后，父亲把锅里的萝卜、鸡蛋捞起来各放进碗中，把咖啡过滤后倒进杯子，问：“你看到了什么?”

女儿说：“萝卜、鸡蛋和咖啡。”

父亲把女儿拉近，要女儿摸摸经过沸水烧煮的萝卜，萝卜已被煮得软烂；他要女儿拿起那颗鸡蛋，敲碎薄硬的蛋壳，她细心地观察着这颗水煮蛋；然后，他要女儿尝尝咖啡，女儿笑起来，喝着咖啡，闻到浓浓的香味。

女儿问：“爸，这是什么意思?”

父亲解释："这三样东西面对相同的环境，也就是滚烫的水，反应却各不相同：原本粗硬、坚实的萝卜，在滚水中却变软了；这个蛋原本非常脆弱，它那薄硬的外壳起初保护了蛋黄和蛋清，但是经过滚水的沸腾之后，蛋壳内却变硬了；而粉末似咖啡却非常特别，在滚烫的热水中，它竟然改变了水。"

"你呢？我的女儿，你是什么？"父亲慈爱地问虽已长大成人，却一时失去勇气的女儿，"当逆境来到你的门前，你有何反应呢？你是看似坚强的萝卜，痛苦与逆境到来时却变得软弱、失去了力量吗？或者你原本是一颗鸡蛋，有着柔顺易变的心？你是否原是一个有弹性、有潜力的灵魂，但是在经历死亡、分离、困境之后，变得顽强？也许你的外表看起来坚硬如旧，但是你的心灵是不是变得又苦又倔又固执？或者，你就像是咖啡？咖啡将那带来痛苦的沸水改变了，当它的温度高达 100 摄氏度时，水变成了美味的咖啡，当水沸腾到最高点时，它就越加美味。如果你像咖啡，当逆境到来的时候，你会将外在的一切转变得更加令人欢喜。懂吗，我的宝贝女儿？你要让逆境摧折你，还是你主动改变，让身边的一切变得更美好？"

在人生的道路上，谁都会遇到困难和挫折，就看你能不能战胜它。战胜了，你就是英雄，就是生活的强者。

忍也是一种能力

一个人要想有所作为，必须有韧性有耐力，能够忍受别人所不能忍之痛，承受生命所不能承受之重，关键时刻能咬紧牙关，懂得冷静，以超乎想象的毅力战胜一切苦厄。忍也是一种能力，正所谓忍者无敌，河蚌忍受了沙粒的磨砺之苦，孕育出了光彩夺目的珍珠；生铁忍受了千锤万凿的捶打和炼火的煅烧，才成为寒光凛冽的锋利宝剑；蝉忍受了数十年不见天日的黑暗，才拥有了短短几十天的光明，谱写出了生命最美的赞歌。人亦如此，唯有在隐忍中奋进，不抛弃，不放弃，才能走向胜利的终点。

当你身无所依，一无所有，没有任何资本的时候，唯一可依仗的就是忍功，前方的道路不可能铺满鲜花，倒可能布满荆棘；你的脚下没有坦途，只有坎坷崎岖的羊肠小道，稍不留神就有可能迷失；这一路没有掌声、笑声相伴，却可能遭遇不少非议和白眼。这些遭遇都是不可避免的。没有人可以随随便便改写命运，想要有所成就，就必须懂得冷静，受得住煎熬，经得起考验，能够把苦难孕育出果实。

刘宏裕和王炎斌从小在同一个街区长大，前者出身商贾世家，自幼锦衣玉食，所有的路都被父母安排好了，自己用不着奋斗，就已经有了很高的起点；后者家境贫寒，10 岁时，母亲到大城市打工，从此再也没有回来，他和父亲相依为命，日子过得十分清苦，勉勉强强读完了大学，毕业之后找到了一份普普通通的工作，成了办公室里的一名小职员，所得的薪水勉强够糊口。

刘宏裕曾经问王炎斌："这些年你是怎么熬过来的？没有母亲的陪伴，没有一个完整的家，家里又那么穷，毕业之后又找不到好工作，未来一点希望都没有。如果我是你，非疯掉不可。"王炎斌淡淡地笑笑说："我也没有什么法子，就这样咬牙熬过来了。除了忍耐力强，我没有别的本事。"刘宏裕说："忍算什么本事。能不忍就不忍。人本来就是趋乐避苦的，谁愿意甘心忍受痛苦呢？我只想随心所欲地活着，避开一切我不想要承受的事。"

王炎斌叹息着说："也许你有那样的条件，但我没有。我唯有把自己磨砺得更顽强，才能更好地活着。"

按常理说，刘宏裕未来的发展要比王炎斌强得多，可事实并不是这样。刘宏裕由于从小到大从未经历过挫折，承受能力特别差，遇到一点困难就退缩，导致长期止步不前。后来他的父亲做生意折了本，没有能力再为他提供任何援助了，他只能靠自己了。他的老板由于和他的父亲存在生意上的往来，一直对他照顾有加，如今两人合作关系终止，老板对他的态度越来越差，随时都有可能将他赶出公司。刘宏裕气不过，一怒之下便辞职了，本想回到家族企业工作，不料父亲却不允许，理由是家族企业已经在走下坡路了，也许坚持不了多久就会破产。父亲鼓励他自谋出路，他委屈痛苦："我不想灰头土脸地找工作，不想像货物一样被人挑选，那样的日子我过不了。"此后的日子，他每天借酒消愁，成了人人所不齿的酒鬼。

王炎斌经过数年的奋斗，由一个默默无闻的小职员晋升到了管理层，生活得到了极大的改善。有一天，他在街上遇到了失魂落魄的刘宏裕，看到对方颓废到那般境地，不由得感到难过。刘宏裕感慨道："想不到你小子熬出头了，而我却落魄到了这般地步，嘿，这真是造化弄人啊。我不像你，能够在逆境中坚强生存，什么苦都能吃，我不行，我从小就是在蜜罐里泡大的，经不起风吹雨打，我想这辈子也就这样了吧，我怕是永远也振作不起来了。"王炎斌安慰他说："不要那么悲观，糟糕的日子咬咬牙就过去了，有道是否极泰来，只要你不放弃自己，随时都可以从头再来。"刘宏裕没有那么乐观，他太了解自己了，他不再对未来抱任何希望，只想把所有的烦恼溺死在酒精中。

陷入逆境，不能沉着，不愿忍受磨砺之苦，永远不能蜕变成长。要想挣脱生命的枷锁，扼制住命运的咽喉，就不能任由自己软弱，要有咬碎钢牙和血吞的决绝，敢于砸碎束缚住自己的铁链，在绝望中寻找希望，在逆境中寻找新的契机，奋战到底，直至取得最后的胜利。

有的人认为只有命歹的人才需要历经艰难困苦，奋斗不息，条件优越的人来到这个世界上就是为了享乐，根本不用承受磨难，何必自讨苦吃呢？这种观点显然不对，没有人生来就该受苦，也没有人生来就该享福，条件再好，同样也要忍受生老病死之苦，人生既有顺遂之时，也有失意之时，谁又能轻轻松松潇洒一辈子？你只有练就了坚韧的意志，能忍别人所不能忍，才能成功渡过一个又一个难关，到达常人所不能到达的高度。